宜昌市旅游景区地质灾害风险管控

YICHANG SHI LÜYOU JINGQU DIZHI ZAIHAI FENGXIAN GUANKONG

夏文翰　胡胜华　肖春锦　黄照先
徐光黎　王博爽　许汇源　艾　东　编著

图书在版编目(CIP)数据

宜昌市旅游景区地质灾害风险管控/夏文翰等编著.—武汉:中国地质大学出版社,2023.1

ISBN 978-7-5625-5493-6

Ⅰ.①宜…　Ⅱ.①夏…　Ⅲ.①旅游区-地质灾害-风险管理-研究-宜昌　Ⅳ.①P694

中国国家版本馆 CIP 数据核字(2023)第 007901 号

宜昌市旅游景区地质灾害风险管控

夏文翰　胡胜华　肖春锦　黄照先　徐光黎　王博爽　许汇源　艾　东　编著

责任编辑:韦有福　谢媛华　　选题策划:谢媛华　韦有福　　责任校对:张咏梅

出版发行:中国地质大学出版社(武汉市洪山区鲁磨路 388 号)　　邮编:430074

电　　话:(027)67883511　传　　真:(027)67883580　E-mail:cbb@cug.edu.cn

经　　销:全国新华书店　　http://cugp.cug.edu.cn

开本:787 毫米×960 毫米　1/16　　字数:186 千字　　印张:9.5

版次:2023 年 1 月第 1 版　　印次:2023 年 1 月第 1 次印刷

印刷:湖北新华印务有限公司

ISBN 978-7-5625-5493-6　　定价:88.00 元

《宜昌市旅游景区地质灾害风险管控》编撰委员会

前　言

宜昌市位于湖北省西部，地处长江中上游交界处，是长江三峡起始地，三峡大坝、葛洲坝所在地，被誉为"世界水电之都"，市域风光秀丽，地质景观奇特、旅游资源富集，是中国优秀的旅游城市之一。截至2021年，宜昌市AAA级以上旅游景区共计37处，其中AAAAA级3处，AAAA级19处，AAA级15处。宜昌市旅游景区主要集中于西部山地及中部丘陵区，出露地层主要为灰岩、白云岩等层状碳酸盐岩。景区峰峦叠嶂、山高坡陡、峡谷幽深，地形起伏较大，地势险峻，每年吸引大量国内外游客前来游玩。特殊地质背景在造就独特旅游风光的同时也孕育了频发的地质灾害，且旅游景区地质灾害往往具有隐蔽性高、突发性强的特点，灾害规模较小，但危害性较大，近年来旅游景区地质灾害伤亡事故时有发生。

为保障景区旅游安全，宜昌市自然资源和规划局、宜昌市文化和旅游局联合制定了《宜昌市旅游景区地质灾害风险防控工作方案》，委托湖北省地质局第七地质大队开展了宜昌市37处AAA级以上旅游景区地质灾害风险调查及评价工作。本次共计调查地质灾害隐患点185处，查清了宜昌市37处AAA级以上旅游景区地质灾害隐患规模及分布，建立了旅游景区地质灾害风险评价体系，提出了风险管控措施，有效减轻了宜昌市旅游景区地质灾害发生的风险，为宜昌市旅游景区地质灾害风险管控提供了良好的技术支撑与服务。

目前宜昌市旅游景区整体为地质灾害低风险区。其中，低风险区面积占宜昌市旅游景区总面积的91%，低风险区对游客安全基本无威胁；中风险区面积占比约7%；极个别景区存在高风险，高风险区面积占比约2%。中高风险区内主要发育中小型崩塌灾害，对游客造成一定的威胁。针对中高风险区，结合景区地质灾害特点进行风险管控，可降低甚至消除地质灾害对游客的威胁，完全可以保障游客游览安全。

本书是宜昌市自然资源和规划局在宜昌市旅游景区地质灾害风险管控中取得的成果总结，共分为6章。第一章由夏文瀚、黄照先编写；第二章由肖春锦、徐光黎、徐子一编写；第三章由肖春锦、黄照先、艾东、黄维编写；第四章由庞威、许汇源、袁晶晶编写；第五章由黄照先、寇磊、黄维编写；第六章由许汇源、艾东、寇磊、袁晶晶编写。全书内容由夏文瀚、黄照先、肖春锦、徐光黎策划，黄照先、肖春锦、许汇源、艾东、黄维统编修改。

本书在编撰过程中得到了宜昌市自然资源和规划局、宜昌市文化和旅游局、宜昌市气象局、湖北省地质局第七地质大队、湖北省地质局水文地质工程地质大队及宜昌市各旅游景区等单位的大力支持和帮助；得到了湖北省自然资源厅马霄汉等领导、专家的关心和指导。在此，对所有付出辛勤劳动并给予协助的同志致以衷心的感谢！同时，需要说明的是，书中引用了一些非公开出版的资料，并且没有列入参考文献中，可以说该书凝聚了无数同仁的心血，借此向提供这些资料的单位和个人深表谢意！另外，本书部分图片、信息来源于百度百科、百度图片、新华网等，相关图片无法详细注明引用来源，在此表示歉意。若有相关图片涉及版权使用需要支付相关稿酬的，请联系编著者。特此声明。

由于编著者水平有限，本书不妥或错误之处，恳请读者批评指正！

编著者

2022 年 11 月 21 日

于中国·宜昌

目　录

第一章　宜昌市自然地理与旅游资源概况

宜昌市“上控巴蜀，下引荆襄”，地理位置优越，铁路四通八达，交通条件便利，是中部地区区域性中心城市、长江中游城市群成员之一，素有“三峡门户”“川鄂咽喉”之称。宜昌市旅游资源丰富，区内景色优美，浩荡的长江穿城而过，自然景观神奇壮美，拥有众多的山水景观、地质景观和人文景观。

第一节　自然地理和社会经济

一、地理概况

宜昌市位于湖北省西南部，地处长江中上游，是鄂西山区向江汉平原的过渡地带。地跨东经 110°15′—112°04′，北纬 29°56′—31°34′，东西最大横距 174km，南北最大纵距 180km，辖区总面积 21 084km^2。宜昌市共辖 5 个市辖区、3 个县级市、3 个县、2 个自治县，总人口约 415 万人（据《宜昌市 2020 年国民经济和社会发展统计公报》），宜昌市交通条件十分优越，焦柳铁路纵贯南北，长江航运横穿东西，高速铁路全线开通，高速公路四通八达，三峡机场已开通 30 多条国内航线和直飞中国台湾、中国香港、韩国等地的旅游包机业务。宜昌市已成为长江中上游承东启西、通江达海的区域性综合交通枢纽。

二、地形地貌

宜昌市地形地貌复杂，高低相差悬殊，海拔最高点位于兴山县仙女山(2427m)，海拔最低点位于枝江市杨林湖(35m)，垂直高差达 2392m，整体呈现自西向东逐级下降的态势，平均坡降 14.5‰，形成山地（中山、低山）、丘陵和平原三大基本地貌类型(图 1-1)。其中，西部山地占全市总面积的 69%，中部丘陵占全市总面积的 21%，东部平原占全市总面积的 10%，俗称“七山二丘一分平”。区内山脉走向多为东北向或东西向，其中分布在五峰、长阳、宜都一带的山脉属武陵山的余脉，分布在兴山、秭归、夷陵一带的山脉为巫山、大巴山的余脉。宜昌市旅游景区多分布在西部山地、丘陵地貌单元内。

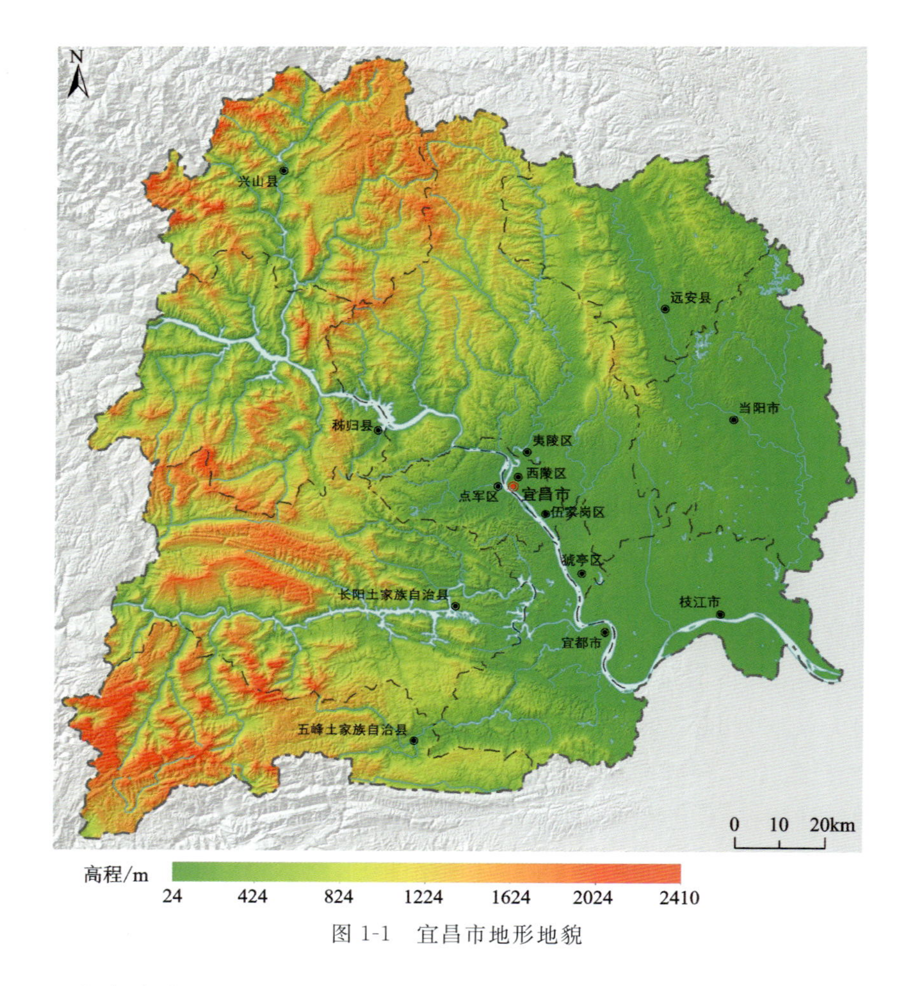

图 1-1 宜昌市地形地貌

三、气象水文

宜昌市属于亚热带季风性湿润气候，四季分明，雨热资源丰富，气候宜人。宜昌市年平均气温为16～17℃，7—8月份气温最高，月平均气温为27～28℃，平均最高气温约32℃，夏天最高气温可达40℃；1月份气温最低，月平均气温在5℃左右。宜昌地区降雨充沛，年降雨量为1100～1200mm，全年盛行东南风。温暖的气候及充沛的降雨使宜昌地区植被茂密，种类多样，森林覆盖率高，生态景观秀丽，拥有大老岭国家森林公园、清江国家森林公园、笔峰洞国家森林公园、西塞国森林公园等国家级森林公园。

河流水系与自然景观息息相关，其切割作用剥蚀地层，形成峡谷地貌，使区内地势险峻、景色壮观。宜昌市境内河流属外流水系，以长江干流为主脉，河流多、密度大、水资源丰富，境内流域面积 30km² 以上的河流共 183 条，总长约 5070km，主要水系有长江、清江、沮漳河、香溪河、黄柏河、渔洋河等。宜昌市三峡人家、清江画廊、金狮洞、三游洞等旅游景区主要分布在长江、清江流域。

四、社会经济

宜昌市辖夷陵区、西陵区、伍家岗区、点军区、猇亭区 5 个市辖区，宜都市、枝江市、当阳市 3 个县级市，远安县、兴山县、秭归 3 个县，长阳土家族自治县和五峰土家族自治县 2 个自治县，共设 24 个街道、67 个镇、19 个乡，2020 年末宜昌市户籍人口约为 415 万人。

2020 年宜昌市实现生产总值 4 261.42 亿元，第一产业实现增加值 459.68 亿元；第二产业实现增加值 1 828.46 亿元；第三产业实现增加值 1 973.28 亿元。2020 年三次产业结构比为 10.8∶42.9∶46.3。其中农林牧渔业总产值 799 亿元，柑橘产量 386 万 t。宜昌市共有规模以上工业企业 1284 家，新增规模以上工业企业 136 家。全年实现社会消费品零售总额 1391 亿元，外贸进出口总额 206 亿元，外商直接投资 14 144 万美元。全年交通运输、仓储和邮政业完成增加值 176 亿元，高新技术产业完成增加值 649 亿元。

2020 年宜昌市接待国内外旅游人数 8900 万人次，实现旅游总收入 985 亿元，国际旅游外汇收入 41 万美元，旅游业占宜昌市 GDP 的比重约为 16.3%，在第三产业中，旅游业占比高达 35%(图 1-2)。旅游业直接带动 20 多个行业、关联带动 110 多个行业发展，对餐饮的贡献率超过了 40%，对文化娱乐业的贡献率超过了 50%，对民航和铁路客运业的贡献率超过了 80%，对住宿业的贡献率超过了 90%，旅游业对宜昌市经济发展起到了巨大的促进作用。

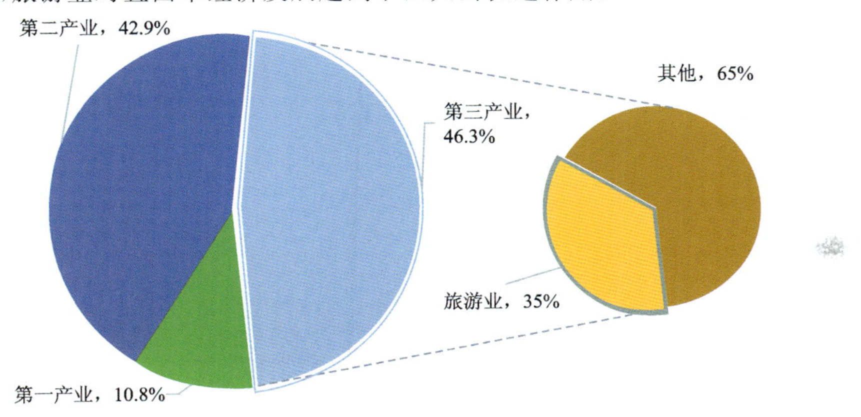

图 1-2　2020 年宜昌市各产业在 GDP 中的比重

第二节 宜昌市旅游资源及特点

一、旅游资源

宜昌旅游资源丰富，是全国11个重点旅游城市之一，具有“山水相依、天人合璧”的特点(表1-1)。宜昌市拥有各类旅游资源747处，其中国家AAAAA级景区3处，AAAA级景区19处，AAA级景区15处，国家森林公园6处，国家地质公园3处，国家自然保护区3处，地质文化村1处，景区数量及质量在湖北省乃至全国同等城市中位居前列，拥有长江三峡、清江民俗风情、三国文化、地质遗迹、溶洞探险、漂流休闲、冰雪运动等特色旅游精品，著名景点有长江三峡、三峡大坝、三峡人家、清江画廊、柴埠溪大峡谷、玉泉寺、百里荒、落星地质文化村等。宜昌市主要旅游资源分布见图1-3，主要旅游景区见附表1。

表1-1 宜昌市主要旅游资源分布

旅游资源类别	典型旅游资源
峡谷	黄陵至南津关西陵峡、灯影峡、伴峡、巴山峡、倒影峡等
洞穴	三游洞、白马洞、金狮洞、紫阳龙洞、石门洞、巴王洞、杨树洞、兵马洞、天坑洞、月亮洞、观音洞、白龙洞、八仙洞等
岩溶地下暗河	三游洞陆游泉、黄花情人泉、水龙洞泉、朱家埫岩溶泉、白龙井泉等
丹霞地质景观	点军石门洞、当阳百宝寨、远安鹿苑寺及金家湾等
黄陵穹隆	高岚、黄牛岩、晓峰景观
花岗岩地质景观	三斗坪花岗岩地貌
重要地质剖面	莲沱震旦系、晓峰寒武系、黄花奥陶系、宜昌白垩系—奥陶系(获2枚“金钉子”，为全球奥陶系—志留系及中、下奥陶统界线标准)
古生物化石	藻类、三叶虫、古杯、腕足类、角石、头足类、笔石、牙形石、海生爬行动物化石遗迹等
古冰川遗迹	龙马溪古冰川遗迹
矿泉及地热地质景观	龙泉矿泉、资丘矿泉及盐池河地热温泉等
地质灾害遗迹	链子崖危岩治理工程和新滩滑坡遗迹
重要的水利工程	葛洲坝、三峡大坝及高峡平湖
三峡观赏石	宜昌五龙组砾石

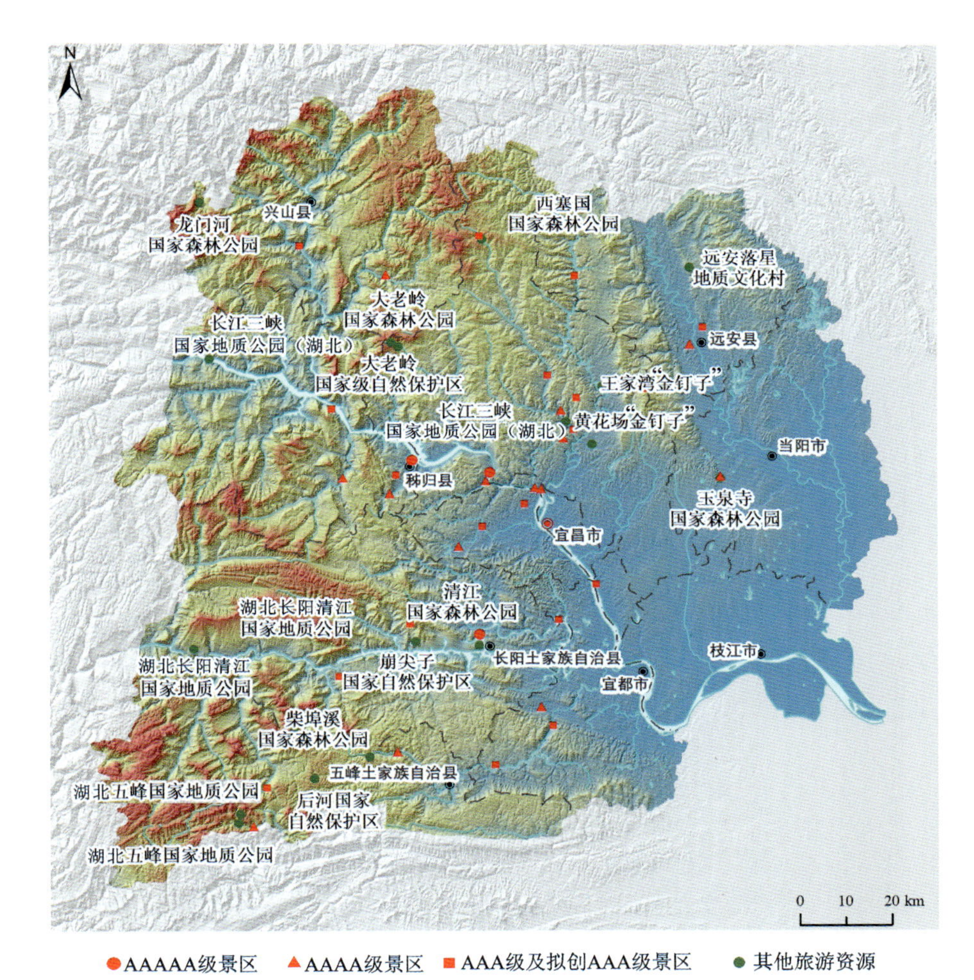

图 1-3　宜昌市主要旅游景点分布图

二、旅游特点

（一）自然景观奇险

宜昌市境内风光旖旎，自然景观独特，集峡谷、岩溶、山水和人文景观于一体。旅游景区内碳酸盐岩地层广泛出露，地表水及地下水溶蚀强烈，同时受三叠纪末印支运动、白垩纪燕山运动、新生代喜马拉雅运动等多期次构造运动影响，景区内地形切割强烈，地势险峻，岩壁陡立，层峦叠嶂，沟谷深邃，具有"奇""险"的特点。

柴埠溪大峡谷风景区以“奇”著称，与张家界同属武陵山脉，为武陵山岩溶地貌，出露岩层主要为上寒武统三游洞组（$\in_3 sy$）厚—巨厚层状灰岩。受岩溶作用影响，在第四纪冰川时期，该景区形成了罕见的喀斯特地貌，造就了峡谷峰林景观，千姿百态的石柱奇峰拔起于莽莽丛林中，如雨后春笋，遍布在绵绵数十千米的柴埠溪险壑峡谷两岸，各具神态，栩栩如生。例如在柴埠溪大峡谷风景区，碳酸盐岩山峰受溶蚀影响自然崩塌，形成一张人脸，因此得名“人头山”（图 1-4）。

图 1-4　柴埠溪大峡谷“人头山”景点

长江及其支流从不同方向贯穿宜昌地区，长江景观以“险”著称（图 1-5）。自始新世以来，受全球构造板块作用影响，印度板块向北俯冲，致使青藏高原快速隆起，形成喜马拉雅山地，与此同时，中国东部与太平洋板块之间则发生张裂，海盆下沉，长江及其支流强烈下切，日积月累侵蚀地层，导致河床加宽、加深，两岸地形陡峭险峻，岸边礁石林立，浪涛汹涌，峡中有峡，滩中有滩。三峡大坝建成后，水位抬升，长江景观出现了“高峡出平湖”的奇观。

图 1-5　宜昌西陵峡

（二）地质遗迹丰富

地质遗迹是地球在漫长演化的地质历史时期内由各种内外力地质作用形成、发展并保存下来的珍贵的不可再生地质自然遗产。宜昌市因其特殊的地质构造作用，在境内形成了类型齐全、丰富多样的地质遗迹资源，是湖北省内地质遗迹资源最为丰富的地区之一（华洪等，2020）（图 1-6）。据前人统计，宜昌市共有 67 处省级及省级以上地质遗迹资源，其中有国家级地质遗迹点 13 处，省级地质遗迹点 49 处，类型多样，在兼顾美学价值的同时，具有重要的科研价值和科普意义。三峡地区埃迪卡拉生物群、长阳清江生物群、黄花场中奥陶统大坪阶“金钉子”、王家湾上奥陶统赫南特阶“金钉子”、远安三叠系南漳-远安动物群是 5 处世界级地质遗迹点。

三峡地区埃迪卡拉生物群位于震旦系灯影组，是一个最为独特的宏体化石

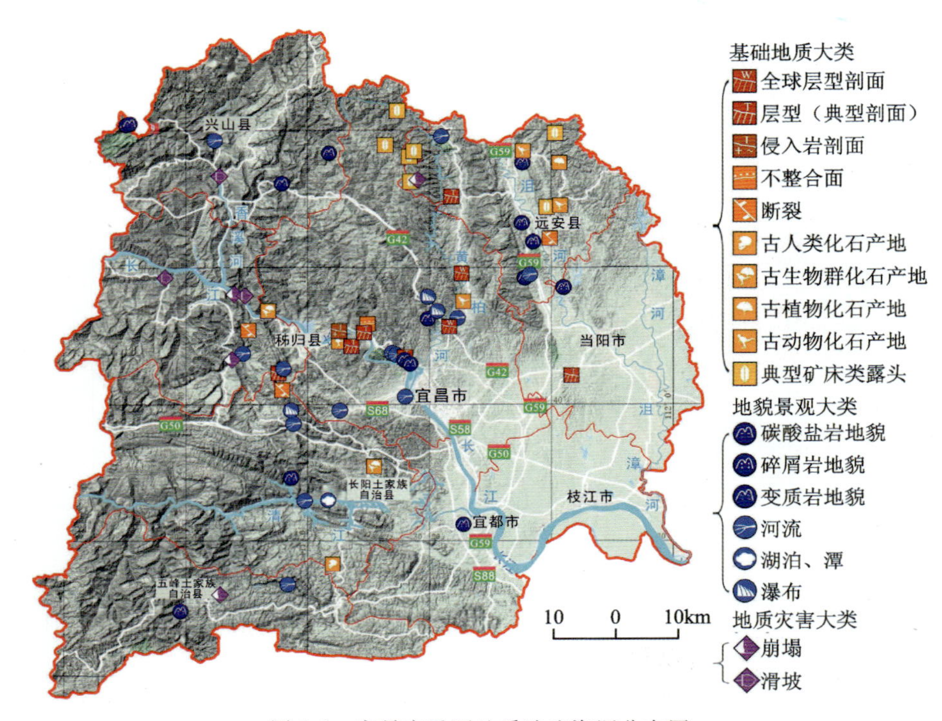

图 1-6 宜昌市重要地质遗迹资源分布图

生物群。埃迪卡拉生物大多具有光滑而坚韧的表皮，没有矿化的骨骼，表皮又被有规律地分隔成凸出的多边形或具有分形的分支。早年研究者把这些结构形象地称为“充气床”（汪啸风，2020），不同的研究者曾把它们分别归入植物、地衣、真菌、水母、环节动物、扁盘动物等门类，甚至为它们设立了独立于已知分类系统的界或门。它们曾经统治着埃迪卡拉纪晚期（距今 5.74～5.41 亿年）的海洋，但是在进入寒武纪之前又突然全部消失，只留下令人费解的化石。埃迪卡拉生物群之前仅发现于澳大利亚和波罗的板块，直到近期中国研究人员才在宜昌三峡地区埃迪卡拉系灯影组的石板滩生物群找到了它们的踪迹（图 1-7），为认识埃迪卡拉纪—寒武纪之交生物面貌的演替提供了重要的证据。

长阳清江生物群是在宜昌长阳清江和丹江河交汇处下寒武统水井陀组二段中发现的以软躯体动物化石为特征的“特异埋藏库”（汪啸风和姚华舟，2019），其化石丰度、多样性和保真度居世界一流，科学价值巨大，这是进化古生物学界又一突破性发现（图 1-8）。目前长阳清江生物群已鉴定出 109 个属种，其中 53%为此前从未有过记录的全新属种。长阳清江生物群的物种多样性将有望超过全球

图 1-7　宜昌埃迪卡拉生物化石及复原图

上图为石板滩组中狄更逊虫化石；下图为埃迪卡拉生物群复原图

已知所有寒武纪软躯体化石库。长阳清江生物群的研究不仅在古生物学研究领域具有突出的价值，而且对于进化生物学、系统发生学以及埋藏学、地球化学等交叉学科前沿研究方向，也具有极其特殊的价值。目前长阳相关部门正在积极制订清江生物群保护区域规划，组织申报世界自然遗产。

图 1-8 长阳清江生物化石及复原图

上图为长阳寒武系中化石；下图为清江生物群复原图

王家湾上奥陶统赫南特阶“金钉子”确立于 2006 年，是中国第六枚、宜昌市第一枚“金钉子”，也是全球赫南特阶和奥陶系—志留系界线精确划分和对比的重要依据(图 1-9)。地质学上的“金钉子”是全球年代地层单位界线层型剖面和点位(GSSP)的俗称，是国际地层委员会和国际地质科学联合会以正式公布的形式所指定的年代地层单位界线的典型或标准。王家湾“金钉子”阐述地球显生宙以来发生的 5 次生物大绝灭时间，重点聚焦发生于奥陶纪末的第一次生物集群大绝

图 1-9　王家湾“金钉子”

灭事件，对奥陶系古生物研究具有重要意义（陈迪和戎嘉余，2020）。

远安三叠系南漳-远安动物群是早三叠世晚期在扬子地区出现的以海生爬行动物为主的动物群落，目前仅发现于湖北省宜昌市远安县和襄阳市南漳县交界地区，尤以远安河口乡张家湾一带出露和保存最好，目前发现了大量保存完整的珍稀海生爬行动物化石，其中包括 7 个新属种（程龙等，2015）。南漳-远安动物群是地质发展史中已知的最早的海生爬行动物群落，在动物群的化石中发现了最早的以兜网式和鸭嘴兽式为主要捕食方式的海生爬行动物，同时是湖北鳄类全球唯一的栖息地（邓爱云和程龙，2018）。这些化石（图 1-10）是早三叠世生态复苏的亲历者和见证者，是人类了解史前爬行动物在海洋中繁衍生息的珍贵标本，也是进一步了解地球板块运动、生态系统演化历史的重要依据。

（三）文化气息浓厚

宜昌市旅游景区历史文化气息浓厚，旅游景区与历史名人结合紧密。宜昌人杰地灵，先贤英才层出不穷，其中影响深远的当数嫘祖、屈原、关公、昭君、郭璞、白居易、苏轼、欧阳修、杨守敬等，拥有嫘祖庙、屈原祠、昭君村、读书洞、三游洞、白马洞、娘娘井等众多的历史名人文化遗迹。《史记》记载中华炎黄子孙的伟大母亲嫘祖为黄帝正妃，是宜昌西陵之女（图 1-11）。嫘祖善于养蚕缫丝，是中华民族教民养蚕缫丝的创始人，该技术被称为早于中国“四大发明”的第一大发明。

图 1-10　远安扇桨龙化石及复原图

图 1-11　远安嫘祖广场

例如三游洞，唐代大诗人白居易偕弟白行简与诗人元稹始游此洞，宋代苏洵、苏轼、苏辙父子三人也曾游此洞，故历史上称为“前三游”与“后三游”，三游洞即因此而得名。此外，众多历史名家和文人雅士也曾游此洞，并留下了大量的摩岩碑刻。

宜昌以“三国故地”而著称，拥有众多三国古战场、古代文化遗址，中国古典文学名著《三国演义》中有“夷陵之战火烧连营七百里”“赵子龙大战长坂坡”“张飞横矛当阳桥”“关公败走麦城被擒回马坡”等超过40个故事发生在宜昌。宜昌猇亭古战场是世界上少有的古战场，这里发生过无数次战争，其中著名的战役有白起烧夷陵、公孙述架浮桥、三国猇亭之战、西晋炬东吴、樊猛斩萧纪、围郑救安蜀、杨素破陈、唐军夜袭萧铣、吴三桂兵败夷陵等。如今的猇亭古战场(图1-12)悬崖峭壁上留有一条约1000m的古栈道遗址。唐代诗仙李白、诗圣杜甫、大诗人白居易等在游览猇亭古战场时都留有传世诗篇。

图1-12　猇亭古战场遗址

三、发展趋势

(一)地质遗迹旅游

宜昌旅游资源富集，产业基础较好，精心打造“两坝一峡”核心旅游景区，做优做强“宜昌三峡旅游景区”核心品牌，推进创建了一批特色鲜明的“山水＋地质”旅游示范景区。与此同时，宜昌地区是中国近现代地球科学研究起源地之一，全域地质遗迹丰富，资源禀赋好，研究程度高，有利于深入打造地学旅游路线。目前宜昌共有2枚世界级“金钉子”，3处国家级地质公园[长江三峡国家地质公园(湖北)、湖北长阳清江国家地质公园、湖北五峰国家地质公园]、1处中国地质文化村。其中，远安县落星地质文化村被称为“中国化石第一村”(图1-13)，历史上先后发现了扇桨龙、贵州龙、湖北鳄、鱼龙类和鳍龙类等众多三叠纪水生爬行动物化石。

宜昌是名副其实的古生物王国，应进一步深入挖掘地质古生物遗迹资源，加大“金钉子”、国家地质公园宣传开发力度，开展以“世界地质遗迹”为主、以“国家级地质遗迹”为辅，兼顾科普价值和美学价值，打造经典的地学研学路线，凝练宜昌地区古生物地质遗迹的核心成果，扩大社会影响力，吸引更多民众和社会团体前来参观宜昌地区典型的古生物地质遗迹资源。

图1-13　远安落星地质文化村

(二)岩溶旅游

宜昌地区碳酸盐岩出露广泛，岩溶(喀斯特)地貌独特，形成千奇百怪、神奇幽幻的岩溶景观。五峰县被称为“溶洞王国”，县内长生洞被誉为“洞景之冠”。该溶洞内蜿蜒曲折，纵横交错，石柱、石笋、石帘、石屏、石珊瑚千姿百态，形态各异，令人叹为观止。宜昌市其他著名岩溶景点还有三游洞、金狮洞、白马洞等。

宜昌市岩溶旅游资源潜力巨大，还有许多天然岩溶地质景观有待开发。据调查，五峰县有待开发的岩溶地貌地质遗迹有 187 处。例如五峰湾潭镇茶园村 1 组犀牛洞（图 1-14），距茶园村委会南约 1.8km，溶洞发育于河流西侧的山腰上，洞口高约 2m，宽约 3m，内径逐渐扩大，最高处约 20m，最宽处约 35m，主洞延伸长度约 1000m。洞内钟乳石极其发育，顶流石和壁流石均可见，形态各异，千姿百态。洞内奇特岩溶景观有“海豹嬉戏”“扬帆起航”“十八罗汉”“石瀑布”“降魔杖”“莲花台”“石珊瑚”“棕榈柱”等，丰富多彩，如梦如幻。

图 1-14　五峰犀牛洞有待开发（上图为十八罗汉，下图为石瀑布）

（三）冰雪旅游

近年来，在北京冬奥会的带动下，宜昌冰雪运动旅游蓬勃发展。宜昌部分旅游景区海拔较高，垂直气候明显，冬季冰雪资源丰富，拥有南方罕见的高山天然滑雪场。夷陵、五峰等海拔较高地区打造冰雪运动与旅游融合新业态，积极开发冰雪旅游项目，建成了百里荒滑雪场、五峰国际滑雪场（图 1-15），每年冬季吸引大量游客参与冰雪运动，成为大众旅游最具潜力的新领域。

图 1-15　五峰国际滑雪场

第二章 宜昌市地质环境概况

宜昌市地处扬子板块，区内地层出露齐全，构造活动复杂。元古宇—新生界均有分布，构造演化可分为地台基底形成、地台发展和大陆边缘活动带发展3个阶段。黄陵断穹、远安台褶束、长阳-永顺台褶束及北西向、北东向和近东西向3组断裂组成了宜昌地区构造格架，在长期的地壳活动中发挥主导作用，造就了宜昌地区壮美的自然风光。

第一节 地层岩性

宜昌隶属扬子地层大区的鄂西南-湘西北地层区，区域出露地层为我国南方标准地层之一（图2-1），元古宙至新生界之间的各个地质时代地层均有分布，地层发育完整，出露齐全，堪称“世界地质博物馆”，拥有宜昌黄花场及王家湾两枚“金钉子”，在世界上十分罕见。宜昌市旅游景区主要位于震旦系、寒武系、奥陶系、志留系出露区域，景区内主要为厚—巨厚层碳酸盐岩建造，形成时代较早，地形切割强烈，地势险峻，溶洞发育，造就了其独特的地质景观。

一、震旦系(Z)

震旦系主要呈环带状分布于长阳复式背斜两翼，山高峡深，地质生物遗迹丰富，其中震旦系埃迪卡拉生物群（软体躯的多细胞无脊椎动物）被誉为“寒武纪生命大爆发的导火索”，记录着地球早期的生命起源。震旦系自下而上划分为南沱组（Z_1n）、陡山沱组（Z_1d）和灯影组（Z_2dy），陡山沱组（Z_1d）中发育磷质结核，呈碟状（图2-2），俗称“围棋子”。高岚朝天吼漂流景区、三峡富裕山景区位于陡山沱组（Z_1d）中，三峡人家风景区、清江方山景区主要位于灯影组（Z_2dy）中。

二、寒武系(∈)

宜昌市寒武系出露齐全、分布较广，主要为一套厚—巨厚层碳酸盐岩建造，呈环带状展布于长阳复式背斜两翼，自下而上划分为牛蹄塘组（$\in_1n$）、石牌组（$\in_1s$）、天河板组（$\in_1t$）、石龙洞组（$\in_1sl$）、覃家庙组（$\in_2q$）、三游洞组（$\in_3sy$）。寒武系岩溶景观壮美，溶洞景观奇特，柴埠溪大峡谷风景区、九畹溪风景区、三游洞景区、三峡大瀑布旅游区（图2-3）、天门峡景区、天柱山景区主要位于寒武系中。

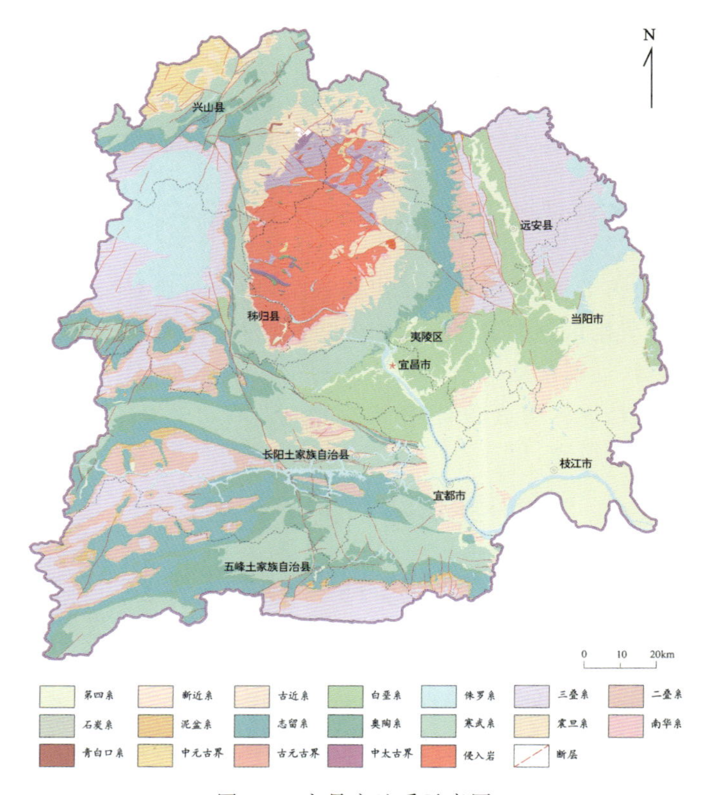

图 2-1 宜昌市地质示意图

图 2-2 震旦系中发育碟状结核

图 2-3　三峡大瀑布旅游区出露的寒武系层状碳酸盐岩

三、奥陶系(O)

奥陶系(O)主要分布在夷陵、五峰一带，车溪民俗文化旅游区、三峡竹海生态风景区、金狮洞景区、长生洞景区等主要位于奥陶系中。奥陶系由下而上划分为南津关组(O_1n)、红花园组(O_1h)、大湾组(O_1d)、牯牛潭组(O_1g)、庙坡组(O_2m)、宝塔组($O_{2-3}b$)和五峰组(O_3w)，主要为一套浅海碳酸盐岩建造，地层剖面标准，古生物化石丰富，科考价值巨大。其中，震旦角石(古无脊椎动物化石)因其外形酷似宝塔，故民间人称“宝塔石”“竹笋石”“镇压邪石”，常作为贵重礼品馈赠亲友，寓意消灾祛邪、生意兴旺发达。宜昌市是震旦角石发现并保存完好的著名产地(图 2-4)。

四、志留系(S)

志留系(S)多沿马鞍山向斜核部周边呈环带状展布，主体分布于清江以南，主要为一套海相碎屑岩沉积建造，自下而上划分为新滩组(S_1x)、罗惹坪组(S_1lr)和纱帽组($S_{1-2}s$)，清江画廊旅游度假区主要位于志留系中(图 2-5)。

图 2-4　宜昌奥陶系中产出的震旦角石

图 2-5　位于志留系中的清江画廊旅游度假区

五、岩浆岩

宜昌地区岩浆岩主要分布于黄陵背斜核部雾渡河以南至三斗坪一带，为中酸性岩基，俗称黄陵花岗岩。黄陵花岗岩风化薄，基岩新鲜、坚硬、完整，力学强度高，举世闻名的三峡大坝就坐落在黄陵花岗岩体上(图 2-6)。

图 2-6 坐落在黄陵花岗岩体上的三峡大坝

黄陵花岗岩具有脉动侵入特征，进一步可划分为晓峰岩套、大老岭岩套、黄陵庙岩套和三斗坪岩套，其侵入时代为新元古代，同位素年龄为 832～750Ma。其中，晓峰岩套主要分布于黄陵花岗岩中部，主要见于下堡坪乡及邓村乡的部分区域；大老岭岩套主要分布于黄陵花岗岩西部大老岭及其周缘一带；黄陵庙岩套主要分布在黄陵花岗岩北部边缘，包括雾渡河镇和水月寺镇南部地区，以及南部乐天溪镇、三斗坪镇部分地区；三斗坪岩套主要见于南部秭归县茅坪地区和夷陵区三斗坪、太平溪镇的部分地区。

第二节 地质构造

一、构造单元

按湖北省大地构造单元划分，宜昌地区处于扬子准地台，主要包括新华断裂、马良坪断裂、仙女山断裂、雾渡河断裂、黄陵断穹、远安台褶束、长阳-永顺台褶束等大地构造单元(图 2-7)。在漫长的地质构造历史演变过程中，由于内外力的地质作用，宜昌地区形成了鬼斧神工、千姿百态的地质景观，如牛肝马肺峡、长生洞、三游洞、三峡大瀑布等。以下介绍几种重要的大地构造单元。

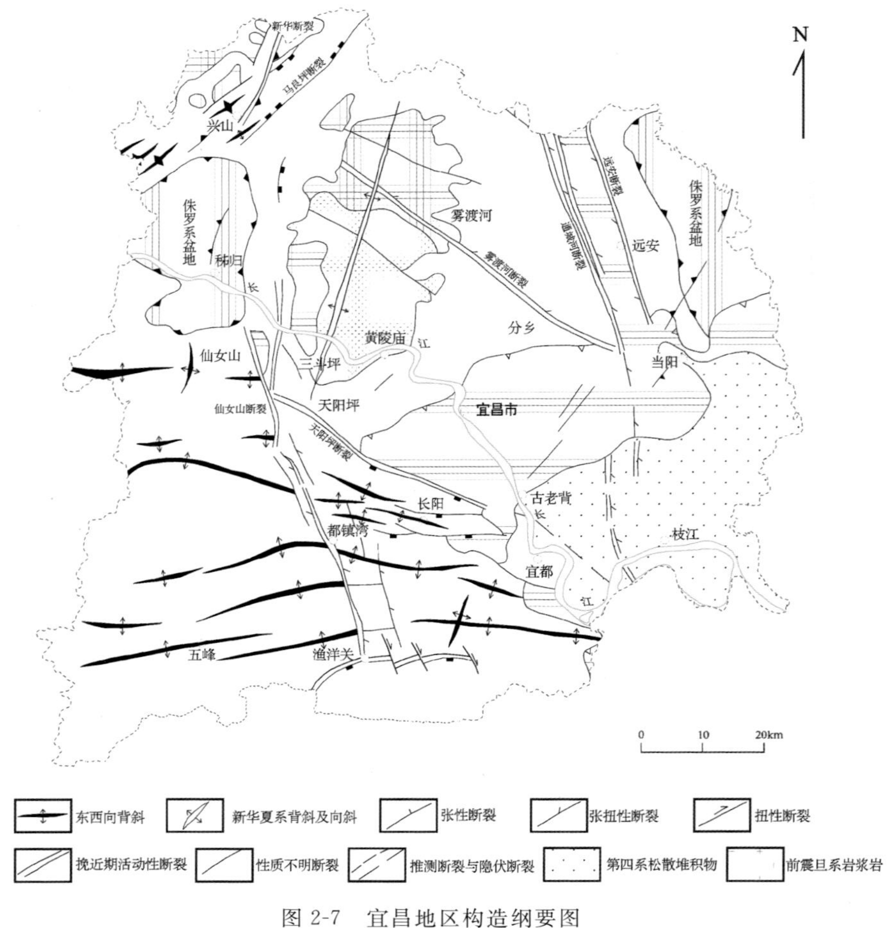

图 2-7 宜昌地区构造纲要图

(一)黄陵断穹

黄陵断穹即著名的黄陵背斜(图 2-8),周缘被阳日断裂、通城河断裂、天阳坪断裂、仙女山断裂和新华断裂围割,背斜轴向为北北东向,核部出露太古宇—古元古界水月寺(岩)群、中元古界崆岭群,北部边缘分布有新元古界马槽群。岩浆岩有扬子旋回早期钾长花岗岩(圈椅淌岩体)、中期基性—超基性岩(梅纸厂超基性岩体、野猪池基性岩体等)和晚期中—酸性花岗岩(黄陵花岩岩基);翼部出露震旦系—古生界,呈环形绕核分布,向四周倾斜。本区大致可以以雾渡河断裂为界分南、北两个构造亚区,南亚区基底褶皱以北西向为特征。

图 2-8　黄陵断穹区域地层

（二）远安台褶束

远安台褶束东、西界为荆门断裂、通城河断裂，北以阳日断裂为界，南邻江陵凹陷，出露地层以三叠系、侏罗系为主，构造方向以近南北向为主，可进一步划分为远安地堑、荆当向斜和聚龙山褶皱群 3 个构造单元。远安台褶束内地层受构造影响常发育小型揉皱（图 2-9）。

图 2-9　远安洋坪三叠系小型揉皱

（三）长阳-永顺台褶束

长阳-永顺台褶束西以新华-鹤峰断裂为界，东与江陵凹陷相接。出露震旦系—中三叠统。构造以褶皱为主，由北东向褶皱逐渐转变为近东西向褶皱，断裂不发育，以北北西向、北东向为主，可进一步划分为长阳背斜（图2-10）、五峰向斜、长乐坪背斜、仁和坪向斜4个构造单元。

图2-10　长阳背斜

二、区域深大断裂

宜昌地区构造活动发育，区域性深大断裂构造按展布方向大体可划分为北西向、北东向和近东西向3组。主要区域性深大断裂有雾渡河断裂、仙女山断裂、天阳坪断裂。

（一）雾渡河断裂

雾渡河断裂呈北西向分布于黄陵断穹中部，由观音堂经雾渡河至当阳，入江汉断陷盆地，全长约80km，是扬子地台内规模宏大的基底断裂，以倾向南西为主，倾角62°～87°，主要为由断层角砾岩、碎裂岩及糜棱岩等组成的破碎带。常见一系列大致平行的断面，可见多期活动特征，早期为韧脆性活动，以逆冲兼平移为主，晚期表现为正断层。断裂对南华纪和震旦纪沉积地层有明显的控制作用。北侧缺失莲沱组，南沱组沉积厚度也较小；南侧一则二者出露齐全，陡山沱期含磷成矿带主要在北侧分布，对灯影组沉积也具有明显的控制作用。

（二）仙女山断裂

仙女山断裂呈北北西向延伸，长约75km，是一条历经多次活动的区域性大断裂，由一条主干断层和分支断层组成。早期，在近南北向挤压作用下，该断裂发育了挤压剪切破碎带，由断层泥、角砾岩组成，断面西倾，近直立，呈舒缓波状，发育水平擦痕，其擦痕方向指示东盘向南位移。中期，该断裂表现为压性活动，发育大量的挤压透镜体，作逆时针运动。晚期，该断裂显张性，构造带中发育了角砾岩，角砾大小悬殊，胶结松散，表现为西盘下落的正断层。仙女山断裂附近地形陡峭，岩体较为破碎，节理裂隙发育，极易形成地质灾害（图2-11）。

图2-11　仙女山断裂附近链子崖崩塌

（三）天阳坪断裂

天阳坪断裂位于长阳复式背斜北翼，呈舒缓波状，倾向南南西。早期，该断裂沿断裂带南侧古生代地层向北逆冲推覆在白垩系之上；北侧的白垩系向北拱翻，沿断裂发育宽窄不等的挤压破碎带，常由断层泥、构造角砾岩及挤压透镜体组成，岩石经强烈挤压，多呈挤压劈理，并见糜棱岩化，劈理、片理往往呈波状弯曲，倾向南南西，多呈挤压透镜体分布。中期，该断裂表现为逆冲推覆，为断层主要活动期，发育断层泥、糜棱岩化带，以及一组与主干断面平行的劈理，并强烈定向。晚期，该断裂表现为舒张下落，断层南侧地层中见回落时的牵引变形，即反弹变形。

第三节 新构造运动及地震

一、新构造运动

宜昌地区新构造运动主要继承较古老的构造，运动性质以断块差异性垂直升降为主，运动方式表现出间歇性特点，形成多级阶地、夷平面和层状岩溶，造成了宜昌地区现代地貌的基本格局，从新近纪以来，在扬子板块的广大地区，总的表现特点是以区域性间歇式隆拗运动为主导，差异性运动逐渐减弱。在隆起和坳陷之间为一整体性较强的过渡带，主要表现为平缓连续的掀斜坡，不论是隆升区、沉降区还是过渡带，差异性活动较弱，主要表现为少数老断裂的弱活动，未发现确切的第四纪断层。

二、地震及区域稳定性

地震地质研究成果表明，鄂西南地区处于较弱的活动性构造应力场中，地震具有强度弱、频度低、震源浅的特点。据国家地震局的全国烈度区划，宜昌市境内地震烈度Ⅴ～Ⅵ度，基本处于弱震区。据史料记载，宜昌市发生5级以上地震较少，历史上无破坏性地震记录。自1959年在宜昌市和三峡区内建立地震台网监测以来，仪器记录到的地震震级最大为5.1级，即1979年5月22日的秭归龙会观地震；次为1959年1月保康马良坪的4.8级地震。总体而言，本区地震水平不高，并以弱震和微震频繁、震源深度浅（一般8～16km）为特征（图2-12）。境内仙女山断裂经地震监测及大地变形测量证实，属活动性断裂，是宜昌地区的主要孕震构造。

第四节 岩土体工程地质特征

岩土体工程地质特征作为地质灾害发生、发展的物质基础，控制着地质灾害的发生。宜昌市旅游景区地质灾害与岩土体工程地质特征紧密相关。碳酸盐岩类较脆，溶蚀作用强烈，在后期地质构造作用下，易形成结构面切割岩体，造成崩塌地质灾害；碎屑岩中存在页岩层，形成泥化软弱夹层，易造成顺层滑坡（图2-13）；花岗岩等岩浆岩强度较高，一般不易发生地质灾害。

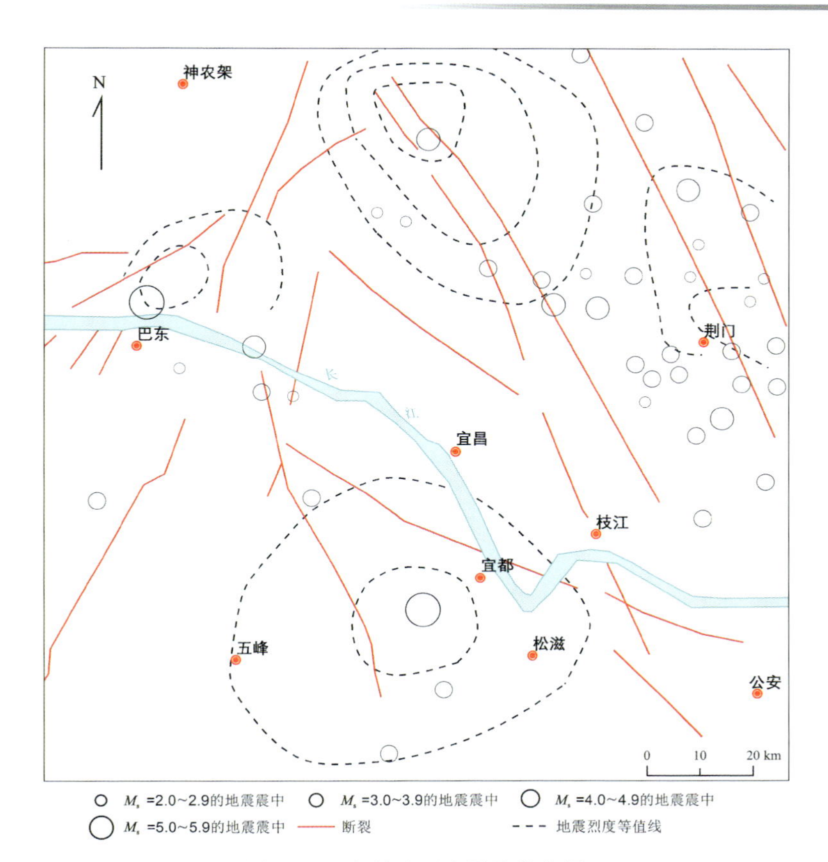

图 2-12　宜昌地区地震及分布图

图 2-13　页岩滑坡

一、岩体工程地质特征

宜昌地区主要出露沉积岩、岩浆岩。依据岩石成分、岩性组合及结构特征，宜昌地区岩体划分为碎屑岩类、碳酸盐岩类、岩浆岩类，宜昌市旅游景区主要分布在沉积岩出露区域。

(一)碎屑岩类

宜昌地区碎屑岩主要分布在龙泉、土城、沙镇溪、五眼泉、红花套等地，由志留系龙马溪组(S_1lm)、罗惹坪组(S_1lr)、纱帽组(S_2sh)，泥盆系黄家磴组(D_3h)，白垩系罗镜滩组(K_2l)部分地层构成，岩性有中至厚层状块状石英砂岩、砂岩、砂质页岩。岩石坚硬、性脆，抗风化能力较强，力学强度较高，抗压强度66～162MPa，变形破坏形式以刚脆性为主。部分岩层夹页岩，岩体质地软弱，抗风化能力差，且遇水后易软化、泥化，岩体力学强度较低，抗压强度3.92～39.2MPa，在极端降雨或人类工程活动影响下，极易形成地质灾害。

(二)碳酸盐岩类

碳酸盐岩类主要分布在五峰、远安、长阳、兴山等地，主要地层包括震旦系(Z)、寒武系(∈)、奥陶系(O)、石炭系黄龙组(C_2hn)、二叠系茅口组(P_1m)、三叠系嘉陵江组(T_1j)等。宜昌地区碳酸盐岩类主要为中、厚层状灰岩、白云质灰岩、白云岩，岩体质地坚硬，溶蚀较为发育，岩体以脆性变形为主，抗风化能力强，力学强度高，抗压强度一般为98～137.2MPa。在构造、溶蚀等作用下，碳酸盐岩类节理发育，岩体破碎，崩塌较为发育(图2-14)。

(三)岩浆岩类

岩浆岩类主要分布在夷陵、兴山、秭归等地，主要为扬子期的花岗岩、闪长岩等，力学强度高，岩体坚硬—半坚硬，透水性极差，但其表部具厚10～50m的风化壳。岩体受构造变动控制，裂隙发育，以脆性变形为主。

二、土体工程地质特征

宜昌地区土体主要分布在长江、清江等地表水系沿岸、江汉平原及山间洼地和缓倾角的斜坡地带，按形成原因可以分为冲积、洪积、残坡积。岩性主要为黏土、粉质黏土、碎石土、砂砾(卵)石、泥砾(图2-15)，各地岩性因成因不同而差异较大，发育厚度受地貌特征影响也有较大差异。土体遇水易软化，局部地段分布的黏土具胀缩性，抗冲刷能力差，在地表水、降雨等作用下，土体边坡易产生滑坡等地质灾害。

图 2-14 碳酸盐岩崩塌

图 2-15 宜昌第四系边坡

(一)全新统冲积层(Qh^{al})

全新统冲积层大面积分布于长江两岸及河流、沟谷地带,岩性主要为灰白色粉、细砂层,泥质粉砂层等。山区河床、沟谷地带主要为亚黏土、亚砂土,呈稍密—密状,底部常见砂、砾石层,砾石含量40%~50%(图2-16),承载力强度250~300kPa,压缩系数0.014~0.136MPa,组成河漫滩和Ⅰ级阶地,化石丰富,厚度0~40m。

图 2-16　卵砾石冲积层

（二）全新统冲洪积层（Qh^{al+pl}）

全新统冲洪积层主要沿长江两岸和河流上游分布，岩性为浅灰色含砂质亚黏土、黏土、亚砂土。沿河流分布的亚黏土中常含零星砾石，呈中密状，砂砾石含量 40%～60%，砾石粒径一般为 4～6cm，承载力强度 250～300kPa。含松、桦、蕨类植物孢粉，组成Ⅰ级阶地和岸坡，厚度 0～10m。其中，黏土一般具有膨胀性，为膨胀土，以灰黄—灰白色为主，天然状态下主要呈超固结硬塑状，含铁锰质成分，干强度和韧性高。膨胀土中裂隙较发育，呈网状分布，裂隙面光滑，具蜡状光泽，自由膨胀率为 60%～90%，属中等膨胀潜势，膨胀力为 40～90kPa，平均膨胀力达到 70kPa。在降雨等外界因素影响下，膨胀土边坡易发生蠕滑（图 2-17），具有滑面平缓、多次滑动、季节性及间歇性等特点。

图 2-17　宜昌高新区膨胀土滑坡

（三）全新统残坡积层（Qh^{edl}）

全新统残坡积层主要分布在丘陵山区的坡脚地带。岩性由浅黄灰色亚砂土、含砾亚砂土、亚黏土，棕黄色、褐黑色含铁锰质黏土组成，含砾亚砂土多见于山体下部，呈中密—密状，砂砾石含量40%～70%，砾石粒径一般为3～8cm，承载力强度250～300kPa。含木本植物松、木兰、栎植物孢粉组合，草本蒿、石竹、豆类孢粉组合，组成Ⅰ级阶地和高坡，厚度0～5m。残坡积层在降雨作用下，自重增大，力学强度降低，极易发生小型浅层溜滑（图2-18）。

图2-18　残坡积层浅层溜滑

第五节　水文地质条件

受地形、地貌、地层岩性、地质构造的控制，宜昌市水文地质条件较为复杂。根据含水介质的岩性特征、地下水的赋存条件及水动力特征，将区域内地下水划分为3类。

一、松散岩类孔隙水

松散岩类孔隙水主要赋存于第四系各种成因的堆积层中，分布于区域内地表水系（渔洋河、清江及其支流、长江）两岸阶地和斜坡一带，以及各级剥夷面的槽谷洼地、溪流冲沟中，在江汉平原地区（宜都市、当阳市、枝江市）也有广泛分布。阶地土体具明显的二元结构，即上部以黏土、粉质黏土夹砾（卵）石为主，下部以砾（卵）石为主。斜坡、槽谷洼地中的土体多为粉质黏土夹碎（块）石或松散碎石土，厚度变化较大，江汉平原地层发育厚度最大，可达30m，山区内平均厚度仅3m左右。泉点出露极少，泉流量一般小于0.5L/s，大部分地段水量贫乏，部分临江地段砂砾石含水层厚度大，分布稳定，水量中等。

二、基岩裂隙水

基岩裂隙水根据含水介质的不同，可分为碎屑岩类裂隙水、结晶变质岩构造风化裂隙水两个亚类。

（1）碎屑岩类裂隙水：赋存于下震旦统南沱组（Z_1n）、中上泥盆统（D_{2-3}）、下石炭统（C_1）、中下二叠统（P_{1-2}），以及白垩系、古近系、新近系的构造带及风化裂隙中。岩性为石英砂岩、粉砂岩、细砂岩、泥质粉砂岩及砂质页岩，山区内一般分布在沟谷两侧斜坡的中、下段，出露面积不大，在平原区则构成岗状低丘，泉流量0.5～1L/s，水量贫乏，水位埋深多小于100m，在局部地段地形地貌、构造条件有利集水排水时，泉流量可达10L/s。

（2）结晶变质岩构造风化裂隙水：主要赋存于震旦系不整合接触面之下的花岗质岩和变质岩裂隙中，一般分布于兴山县东南部的黄陵背斜区域和西北部邻近神农架地区。通常基岩不含水、不透水，但在其上部风化壳及破碎带中赋存有裂隙水。裂隙水埋藏浅、泉点稀少且流量小。

三、碳酸盐岩类岩溶水

该类地下水是宜昌市境内主要的地下水类型，大规模分布于兴山县、秭归县、五峰县、夷陵区山区。根据含水介质的不同，它可分为两个亚类，具体如下。

（1）碳酸盐岩夹碎屑岩岩溶裂隙水：赋存于下奥陶统（O_1d、O_1f）、上奥陶统（O_3l）、下志留统（S_1lm）、上泥盆统（D_3x）、下石炭统（C_1h）和上二叠统（P_2l、P_2w）岩层中，岩性为灰岩夹页岩、白云质灰岩夹页岩或泥质灰岩夹页岩，岩溶较发育，分布于背斜核部或靠近核部的两翼。泉流量一般在1～10L/s之间，富水性中等。

（2）碳酸盐岩裂隙溶洞水：主要赋存于下寒武统石龙洞组（$\in_1sl$）、中上寒武统（$\in_{2+3}$）、奥陶系（O）、下二叠统和下三叠统（T_1j、T_1d）岩层中。岩性主要为灰岩、白云质灰岩、白云岩及含燧石结核灰岩，在宜昌市广泛分布，富集于大小不等的岩溶管道系统中，岩层中溶洞、暗河发育（图 2-19）。泉流量多大于 10L/s，水位埋深一般大于 100m，水量丰富。

图 2-19　情人泉景区地下暗河

第六节　人类工程活动

宜昌市经济发展迅速，人类工程活动加剧，交通建设、城镇建设、水利建设、景区建设的规模、强度不断增大，对自然环境造成一定影响，易诱发地质灾害。

一、交通建设

宜昌是全国性综合交通枢纽，自“十三五”规划以来，大力发展交通运输，重点实施干线公路服务提升工程、高等级公路全覆盖工程、“四好”农村路建设工程、高铁建设工程。岳宜高速宜昌段、呼北高速宜都至五峰段相继建成通车，宜昌实现了“县县通高速”；国省干线提档升级，建成香溪长江公路大桥、G318 枝江段、S256 当阳至枝江、G347 远安绕城等一批高等级国省干线，实现了“县县通国道、乡乡通省道”；新改建农村公路 8975km，20 户以上自然村全部道路通畅。

交通建设为宜昌市高速发展带来便利的同时也诱发了大量的滑坡、崩塌等地质灾害，已建好的交通工程也因切坡高陡存在较多地质灾害隐患，给过往车辆及行人安全构成威胁。特别是五峰县、兴山县、远安县、长阳县、秭归县等多山地区受影响较为严重。2022 年 4 月，五峰县 Y019 乡道白鹤村段由于修建公路开挖坡脚，造成局部坡度过陡，在集中降雨作用下，发生了整体滑动(图 2-20)，导致交通及当地输电线路和通信线路中断，泗洋河河道部分堵塞。

图 2-20　道路建设诱发滑坡

二、城镇建设

宜昌地形以山区及丘陵为主，有着“七山二丘一分平”的说法，土地开发资源有限，20 世纪 80 年代以前，市内的各县域集镇范围狭小，基础设施落后，功能有限。进入 20 世纪 90 年代以后，集镇建设步入快车道，宜昌市努力建设成为了一座现代化滨江公园城市，市内各个集镇先后得以扩建。远安、长阳、五峰等地集镇区大规模的街道及工业、民用建筑建设对原始地形进行了不同程度的改造和破坏，成为斜坡变形破坏的主要影响因素之一。2021 年 7 月，远安花林寺镇大堰垭由于村民修建房屋形成陡坎，为崩塌发育提供了良好的临空条件，在卸荷及风化作用影响下，岩体被切割成块状，从母岩中脱离，形成崩塌地质灾害(图 2-21)，损毁房屋 1 间。

图 2-21　居民建房诱发崩塌

三、水利建设

宜昌市境内河网水系密布，主要河流有长江、清江、沮漳河、香溪河、黄柏河、渔洋河等，具有丰富的水能资源。长江和清江已建成了三峡、葛洲坝、清江等大型水库，各县市也在本辖区内大力开展清洁能源及与水资源调节相关的多项水利工程建设，如渔洋河干流上的梯级水库建设，五峰县马渡河、王家河、南河、天池河等重点水电项目工程建设。由于水利工程的建设（开挖切坡），水库蓄水及库水位变化将诱发新的地质灾害，对居民生命财产安全构成严重威胁。

2017 年 10 月 27 日，位于湖北省宜昌市秭归县归州镇盐关村五组的长江一级支流香溪河的右岸岸坡地带，盐关滑坡（图 2-22），出现整体滑移变形，滑坡体积约 $125\times10^4\,m^3$。由于预警预报及时，滑坡滑移过程中未造成人员伤亡，滑坡区居民 4 户 19 人成功避险，同时避免了公路车辆行人伤亡，最大程度降低了电力、航道等公共设施的损失。

图 2-22　三峡库区盐关滑坡

四、景区建设

宜昌市出台了旅游服务提质升级工作方案，对鸣翠谷景区、三峡大瀑布旅游区、三峡人家风景区、车溪民俗文化旅游区、下牢溪景区、三游洞景区、昭君村古汉文化游览区等景点进行了升级改造，增加了游览路线，新建了游览配套设施，扩建了停车场。据宜昌市旅游景区地质灾害风险调查工作成果资料，宜昌市鸣翠谷景区、昭君村古汉文化游览区、车溪民俗文化旅游区等由于受人类工程活动影响，4 处危岩体局部失稳，形成地质灾害隐患点，给游客构成一定威胁。2018 年 9 月，五峰县后河景区由于修建景区公路，形成小型崩塌(图 2-23)，体积约 $70m^3$，造成景区道路中断，所幸未造成人员伤亡。

图 2-23　后河景区道路崩塌

第三章　宜昌市旅游景区地质灾害特征

相关部门针对宜昌市 AAA 级以上旅游景区开展了地质灾害调查评价，掌握了宜昌市旅游景区 185 处隐患点类型及规模。宜昌市旅游景区 185 处隐患点以小型崩塌为主，受降雨、地形地貌、岩性及构造影响较大，主要分布在丘陵及中山峡谷地貌区，具有隐蔽性、突发性等特征。

第一节　地质灾害类型与规模

一、地质灾害类型

根据 2020 年宜昌市 AAA 级以上旅游景区地质灾害详细调查统计，37 处 AAA 级以上旅游景区共计分布地质灾害隐患点 185 处。其中，崩塌 166 处，约占灾害点总数的 89.73%；滑坡 19 处，约占灾害点总数的 10.27%（图 3-1）。灾害类型以崩塌（危岩、落石）为主，给宜昌市旅游景区带来了一定的安全隐患。宜昌市 AAA 级以上旅游景区 185 处地质灾害点统计见表 3-1。

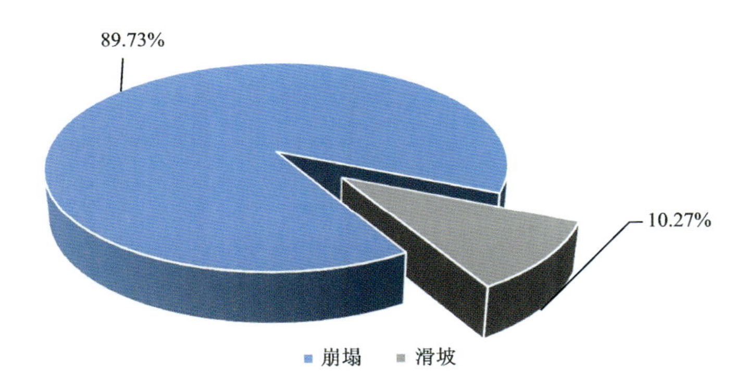

图 3-1　宜昌市 AAA 级以上旅游景区地质灾害类型

表 3-1　宜昌市 AAA 级以上旅游景区地质灾害统计表　　单位：处

位置	景区名称	灾害类型		总计
		崩塌	滑坡	
夷陵区	三峡人家风景区	10		10
	石牌要塞旅游区	1		1
	三峡大瀑布旅游区	8		8
	金狮洞景区	3		3
	情人泉景区	2		2
	三峡奇潭景区	9		9
	三峡富裕山景区	3		3
	西塞国旅游度假区	3		3
	百里荒景区	2		2
秭归县	屈原故里文化旅游区		3	3
	九畹溪风景区	7		7
	三峡竹海生态风景区	7		7
	链子崖景区	1		1
兴山县	昭君村古汉文化游览区	1	13	14
	高岚朝天吼漂流景区	10		10
长阳县	清江画廊旅游度假区	5		5
	清江方山景区	7		7
	天柱山景区	2		2
	麻池古寨旅游区	1		1
五峰县	柴埠溪大峡谷风景区	23		23
	天门峡景区	22		22
	五峰长生洞景区	3	1	4
远安县	鸣凤山风景区	6		6
当阳市	玉泉山风景名胜区	1	2	3
宜都市	三峡九凤谷景区	4		4
	古潮音洞度假山寨	2		2
宜昌旅游新区	三游洞景区	4		4
点军区	车溪民俗文化旅游区	10		10
	鸣翠谷景区	5		5
	青龙峡漂流景区	4		4
合计		166	19	185

二、地质灾害规模

宜昌市 37 处 AAA 级以上旅游景区内的地质灾害规模以小型为主，规模较小，一般为 10～300m³。其中，小型地质灾害点 181 处，约占隐患点总数的97.84%；中型地质灾害点 3 处，约占隐患点总数的 1.62%；大型地质灾害点 1 处，约占隐患点总数的 0.54%，见表 3-2，图 3-2。

表 3-2　宜昌市 AAA 级以上旅游景区地质灾害规模统计表

规模	大型	中型	小型	合计
滑坡/处	1	0	18	19
崩塌/处	0	3	166	169
合计/处	1	3	181	185
占比/%	0.54	1.62	97.84	100

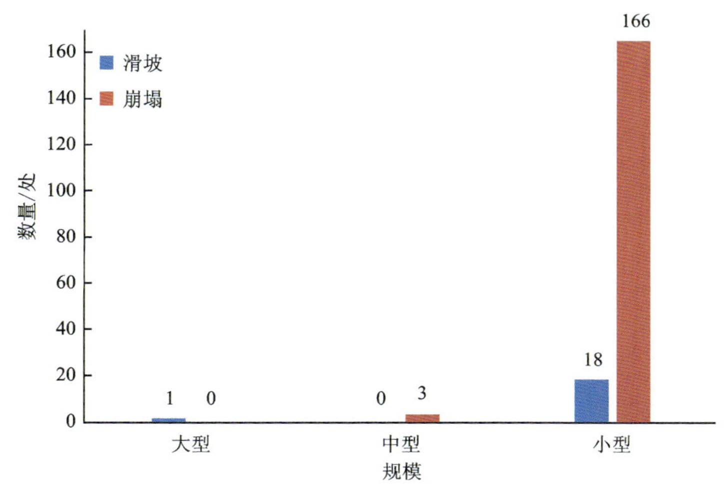

图 3-2　宜昌市 AAA 级以上旅游景区地质灾害规模

三、典型地质灾害

在宜昌市 AAA 级以上旅游景区 185 处地质灾害中，有 1 处大型滑坡（昭君村滑坡）、3 处中型崩塌（三峡奇潭 2 号崩塌、龙云窟崩塌、九畹溪公路崩塌）、181 处小型崩塌，以下选择昭君村滑坡（大型滑坡）、三峡奇潭 2 号崩塌（中型崩塌）、三峡人家 3 号崩塌（小型崩塌）为宜昌市旅游景区地质灾害典型代表进行介绍。

（一）昭君村滑坡

昭君村滑坡位于香溪河上游白沙河左岸昭君村古汉文化游览区。该游览区是以展示昭君遗址遗迹和保存完好的古汉自然生态景观，展演昭君故里独特浓郁的地方文化及汉代宫廷仕女文化的旅游区，是湖北省重点文物保护单位，国家AAAA级景区，也是宜昌市旅游新十景之一，年接待游客超过15万人次。

昭君村滑坡前缘直抵白沙河河床，高程在168m左右，左侧以冲沟为界，右侧位于昭君纪念馆及民房西侧，后缘高程408m，相对高差240m，纵向长700m，横宽550m，面积为$38.5\times10^4m^2$，平均厚度约为40m，体积为$1540\times10^4m^3$，主滑方向为223°，为一大型、深层、土质滑坡（图3-3）。滑坡前部250m以下为一斜坡，坡度约33°；250～290m之间地势稍缓，分布有昭君村古汉文化游览区的主体建筑；290m以上为一斜坡，地形坡度20°～30°（图3-4）。滑坡主要影响312省道、昭君村古汉文化游览区、坡体上的居民房屋，威胁游客及居民的生命安全。

图3-3　昭君村滑坡全貌

（二）三峡奇潭2号崩塌

三峡奇潭2号崩塌位于宜昌市夷陵区黄花镇上洋村三峡奇潭景区道路左侧，三峡奇潭景区以“溪潭群落、林海氧吧、大峡风光、溪降亲水、九峰叠翠、观光农业”著称，峡谷内自然山水优美，碧山银瀑，奇峰怪列，空气清新，被誉为“万亩天然峡谷氧吧”，是国家AAA级旅游景区，年接待游客约10万人次。

三峡奇潭2号崩塌（图3-5）坡顶为林地，植被茂密，坡脚为进景区道路。崩

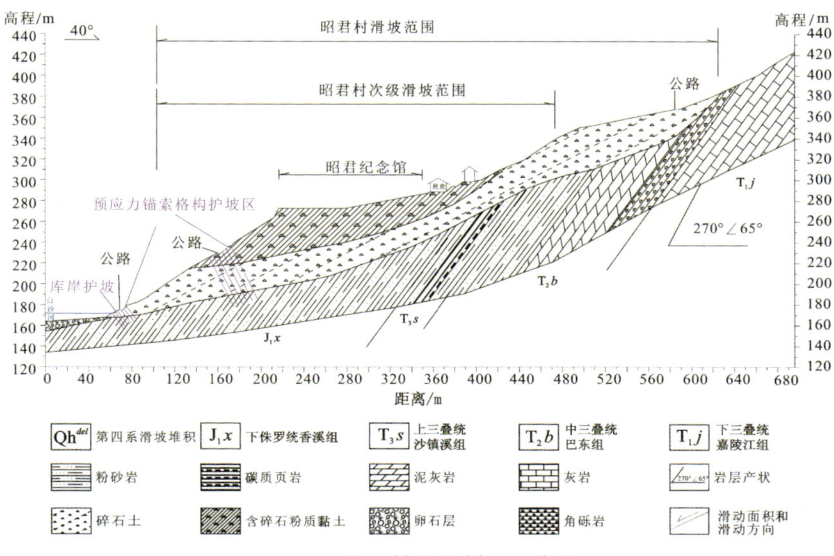

图 3-4　昭君村滑坡剖面示意图

图 3-5　三峡奇潭 2 号崩塌区

塌点所处斜坡区平面展布方向 320°，全长 400m，地形坡度 30°～85°，局部呈岩屋状，垂直高差 200m。斜坡区出露地层岩性主要为第四系崩坡积（Qh^{col+dl}）块石、中寒武统覃家庙组（$\in_2 q$）白云岩，岩层产状 145°∠9°，中等—弱风化，岩性硬脆，岩体裂隙较发育，坡面岩体较为破碎。斜坡体主要发育 2 组裂隙，LX1 产状 354°∠80°，LX2 产状 285°∠76°，微张。坡面与岩层组合为逆向坡。斜坡岩体受裂隙切割，较为破碎，在降雨、风化、卸荷、根劈作用下发生崩塌，坡面浮石、危石崩落，主要威胁下方景区游客生命财产安全及景区道路。崩塌点曾于 2016 年 7 月发生崩塌，崩塌体滚落至道路下方平台，崩塌体积约 125m³，单个体积 3.75m³(2.5m×1.5m×1m)，仅造成景区道路破坏，未造成人员伤亡。

（三）三峡人家 3 号崩塌

三峡人家 3 号崩塌位于三峡人家风景区西陵峡龙津溪码头处。三峡人家风景区是我国首创的原生态、场景式、体验型大型民俗旅游区，也是国家 AAAAA 级旅游区，年接待游客约 300 万人次。景区自然风光秀美，石、瀑、洞、泉等多种景观元素巧妙组合，如诗如画，令人神往。三峡人家以“一肩挑两坝、一江携两溪”的独特地理位置和原汁原味的西陵百里画廊，以及融合地质文化、巴文化、楚文化、土家文化、峡江文化和抗战军事文化，成为长江三峡黄金旅游线上的一颗璀璨明珠。

三峡人家 3 号崩塌（图 3-6）所处斜坡长 30m，坡高 7～8m，坡向为 355°，地形坡度 80°～90°，由于受差异风化及人类工程活动的影响，局部形成“岩屋状”负地形。该点出露地层为上震旦统灯影组（Z_2dy），岩性为震旦系灯影组的深灰色厚层块状白云岩，产状 171°∠4°，中等风化，岩性硬脆。2014 年 1 月 12 日该隐患点所在的斜坡发生崩塌，崩塌体积为 600m³，造成景区 4 名工作人员受伤，并损毁部分沿江路旅游廊道及房屋约 400m²，使部分景区封闭。

图 3-6　三峡人家 3 号崩塌

第二节　地质灾害的时空分布

一、地质灾害的时间分布

根据近年来宜昌市已发生地质灾害不完全统计，AAA 级以上景区地质灾害多发生于汛期(5—9 月)。有记载在已发生的 25 次地质灾害中，5 月份发生地质灾害 4 次，占统计总数的 16%；6 月份发生地质灾害 8 次，占统计总数的 32%；7 月份发生地质灾害 5 次，占统计总数的 20％；8 月份发生地质灾害 3 次，占统计总数的 12％；9 月、10 月各发生 2 次，分别占统计总数的 8％；1 月份发生地质灾害 1 次，占统计总数的 4％（图 3-7）。

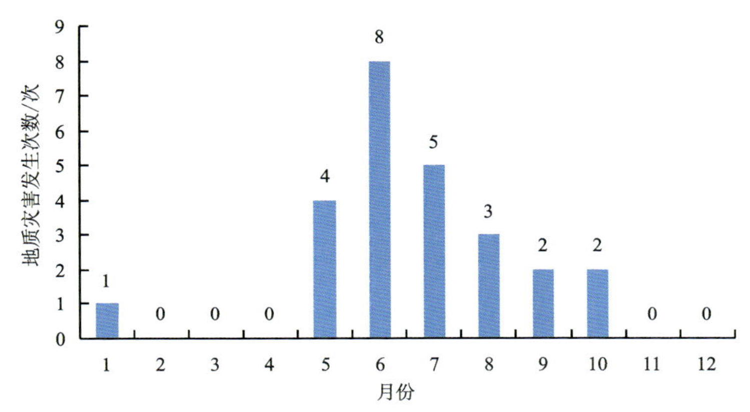

图 3-7　宜昌市 AAA 级以上旅游景区地质灾害发生时间（月份）统计图

二、地质灾害空间分布

宜昌市 37 处 AAA 级以上旅游景区内 185 处地质灾害隐患点空间分布如图 3-8所示。地质灾害隐患点在空间分布上具有一定规律性，本书将从地形地貌、地层岩性、年降雨量等角度介绍宜昌市旅游景区地质灾害隐患点空间分布特征。

宜昌地形整体较为复杂，地形高差较大。宜昌市旅游景区多分布在长江三峡及其主要干流附近，地形起伏较大。根据宜昌市高程及地形起伏程度，将宜昌市旅游景区地貌划分为丘陵地貌单元（海拔 0～200m）、低山峡谷地貌单元（海拔 200～1000m）及中山峡谷地貌单元（海拔 1000～2500m），宜昌市旅游景区地质灾害隐患点多分布在丘陵及低山峡谷地貌单元，且沿水系呈带状分布。据统计分析，其中 75 处地质灾害隐患点分布在丘陵地貌单元，约占统计总数的 40.5％；68 处地质灾害隐患点分布在低山峡谷地貌单元，约占统计总数的 36.8％；42 处地质灾害隐患点分布在中山峡谷地貌单元，约占统计总数的 22.7％（图 3-9）。

斜坡坡度划分为缓坡（坡度 8°～25°）、陡坡（坡度 25°～60°）、陡崖（坡度≥60°）。从坡度角度来看，宜昌市 AAA 级以上旅游景区内 185 处地质灾害隐患点主要分布在陡崖（图 3-10），其中，陡崖地貌环境发育地质灾害隐患点 151 处，约占隐患点总数的 81.6％；陡坡地貌环境发育地质灾害隐患点 28 处，约占隐患点总数的15.1％；缓坡地貌环境发育地质灾害隐患点 6 处，约占隐患点总数的 3.3％。

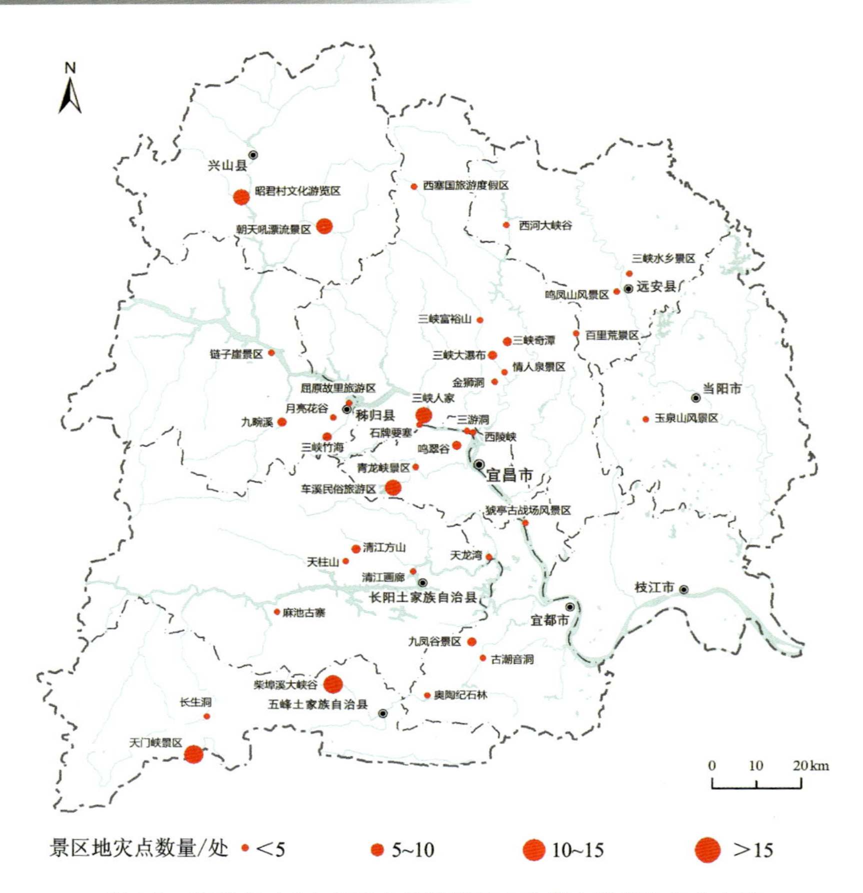

图 3-8 宜昌市 AAA 级以上旅游景区内地质灾害隐患点分布图

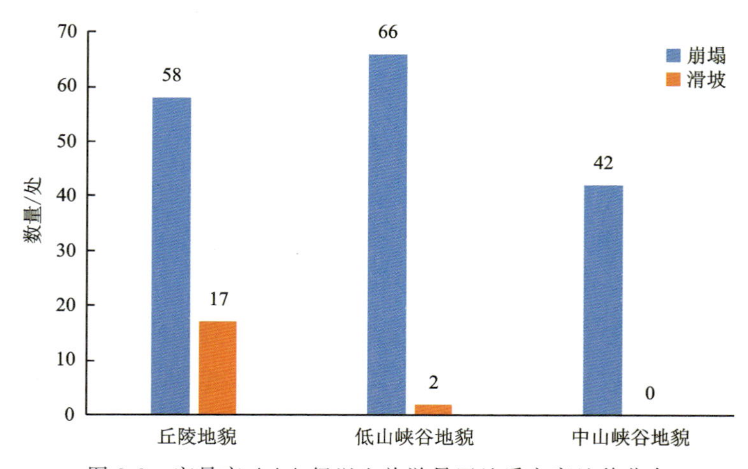

图 3-9 宜昌市 AAA 级以上旅游景区地质灾害地貌分布

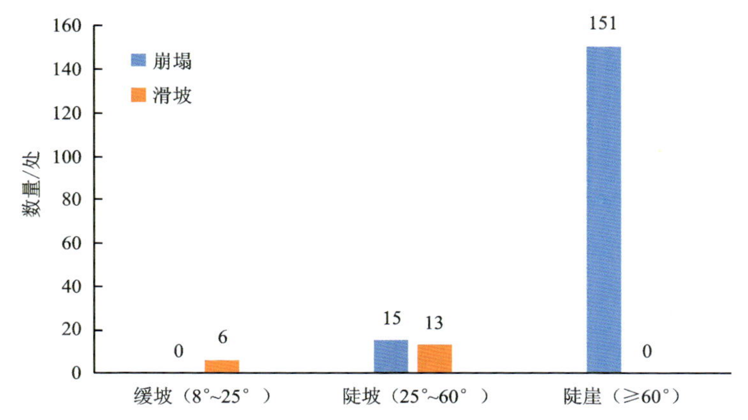

图 3-10　宜昌市 AAA 级以上旅游景区地质灾害坡度分布

地层岩性是制约地质灾害分布的重要因素，宜昌市 AAA 级以上旅游景区内出露地层岩性主要为以白云岩、白云质灰岩、灰岩为主的碳酸盐岩；以砂质泥岩、砂岩、粉砂岩为主的碎屑岩；以花岗岩为主的岩浆岩；以碎块石土、粉质黏土为主的松散土类。

旅游景区内 185 处地质灾害隐患点主要分布于在寒武系到奥陶系碳酸盐岩类地层，易发岩组主要为灯影组（Z_2dy）、石龙洞组（$\in_1 sl$）、三游洞组（$\in_3 sy$）、南津关组（$O_1 n$）及松散土类等（图 3-11），碳酸盐岩类地层发育地质灾害隐患点 153 处，占隐患点总数的 82.7%；砂岩地层发育地质灾害隐患点 8 处，主要发育在红花套组（$K_2 h$）、纱帽组（$S_1 s$），占隐患点总数的 4.3%；泥岩地层发育地质灾害隐患点 2 处，发育在香溪群（$K_1 X.$）、龙马溪组（$S_1 lm$）中，占隐患点总数的 1.1%；岩浆

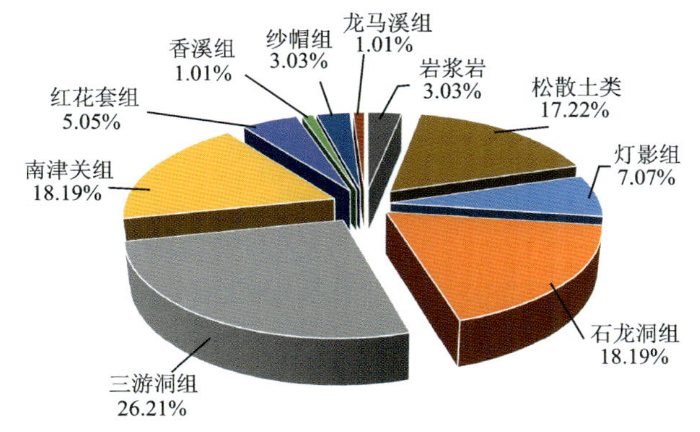

图 3-11　宜昌市 AAA 级以上旅游景区地质灾害地层岩性分布

岩类地层发育地质灾害隐患点 3 处，占隐患点总数的 1.6%；松散土类发育地质灾害隐患点 19 处，占隐患点总数的 10.3%。

宜昌市属亚热带季风湿润气候，雨热同季。多年平均降雨量区域性差异较大，且季节性较强，降雨主要集中在每年 5—9 月汛期阶段，此时段降雨强度高、日降雨量大、降雨集中，多为大雨、暴雨。年平均降雨量在 992～1600mm 之间，雨水丰沛，宜昌市年降雨量见图 3-12。将年降雨量划分为 4 个等级，宜昌市 AAA 级以上旅游景区内 185 处地质灾害隐患点主要分布在降雨 1200～1600mm 范围内，占隐患点总数的 85.4%，随着年降雨量的增大，景区内地质灾害隐患点数量逐渐增多。

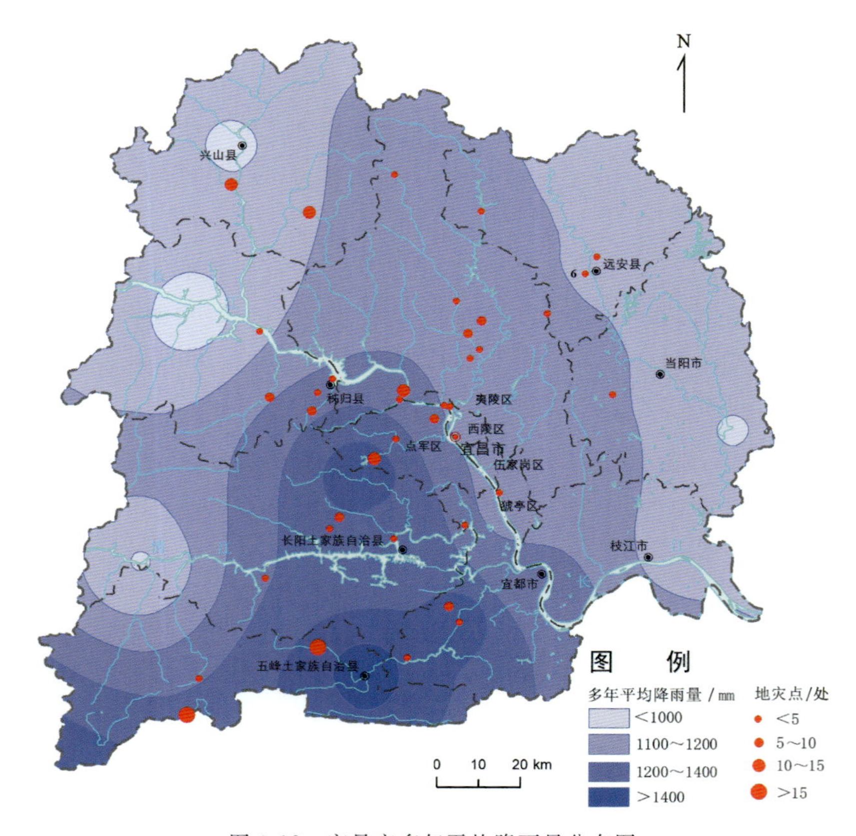

图 3-12 宜昌市多年平均降雨量分布图

第三节　地质灾害影响因素分析

宜昌区域碳酸盐岩出露广泛，地形起伏，河流切割强烈，喀斯特地貌发育，受构造运动影响强烈。市域内90%以上景区多分布于山地、丘陵区，崩塌(坠石)是宜昌景区地质灾害的主要灾种，同时旅游景区多经人类工程活动改造，在人类工程活动及降雨等外界因素作用下，地质灾害极易发生。本书将从地形地貌、地层岩性、结构面、降雨及人类工程活动等方面对宜昌市旅游景区地质灾害影响因素进行分析。

一、地形地貌

地形地貌是影响地质灾害发生的重要因素之一(韩金良等，2009)，宜昌市旅游景区多位于高山峡谷地貌区及丘陵向平原过渡地貌区，地形起伏，水系众多，地形高差大，河流侵蚀主要以下切为主，由此形成了大量高陡斜坡，为崩塌、滑坡的发生提供了地形条件。通常情况下，高差越大，地形切割越剧烈，斜坡重力应力也越强，形成地质灾害的动力条件也越好。崩塌、滑坡受坡度影响较大，坡度越大应力越集中，也越容易发生变形失稳。链子崖崩塌、青龙峡崩塌等均发育在深切峡谷地貌区，地形高差大，坡度陡，如图3-13所示。

图3-13　青龙峡崩塌

二、地层岩性

作为地质灾害的组成物质，地层岩性的组成和岩石性质对灾害的发生起到非常重要的影响，岩土类型和性质是决定斜坡抗变形能力和稳定性的根本因素，也是控制斜坡变形破坏形式的主要原因（夏金梧和郭厚桢，1997；刘应辉等，2009）。宜昌市旅游景区地质灾害隐患点多分布在碳酸盐岩及碎屑岩出露地区。碳酸盐岩岩性较脆，在后期地质构造作用下，结构面发育，岩体破碎，非常有利于地质灾害的发育，例如车溪民俗文化旅游区（图 3-14），出露下奥陶统南津关组-牯牛潭组（$O_1g\text{-}n$）中厚层状灰岩，受构造运动影响，岩体节理裂隙发育，表面破碎，主要发育 2 组裂隙：产状 310°∠70°、产状 190°∠82°。岩体受节理裂隙切割，陡坡面上分布大量危岩块体。

图 3-14　车溪民俗文化旅游区崩塌地质灾害隐患点

碎屑岩出露地区，由于砂岩、泥岩岩性软硬不同，软弱岩层首先发生变化，形成泥土状软弱夹层等，在长期外界作用下，逐渐形成滑动面或滑动带。同时，由于差异风化，岩体容易形成凹腔，导致岩体底部失去支撑，从而发生崩塌地质灾害。例如鸣凤山景区（图 3-15），出露上白垩统红花套组（K_2h）巨层状粉砂岩，受差异风化影响，岩体下部形成凹腔，有利于崩塌地质灾害的发生。

图 3-15　鸣凤山景区崩塌地质灾害隐患点形成凹腔

三、结构面

结构面指的是岩体中具有一定方向、力学强度相对较低、两向延伸(或具一定厚度)的地质界面,例如岩层层面、软弱夹层及各种成因的断裂、裂隙和节理等,反映了长期内外动力作用下的地质构造作用现象(彭建兵等,2004),地质构造对地质灾害的孕育起到关键控制作用(王帅等,2002;万昌林,1999)。

构造作用的长期活动造成的岩体破坏,在岩体内部形成的复杂结构面体系,为滑坡、崩塌等灾害的发生提供了重要的能量释放路径。对垂直于结构面的拉应力基本上无阻抗力而极易被拉开;在垂直于结构面的压应力作用下易于压密或闭合而易造成填充物变形和破坏;顺结构面方向的弱约束作用导致在剪应力作用下容易产生剪切变形或滑移破坏,因此结构面发育岩体极易发生崩塌、滑坡地质灾害。与此同时,结构面为植物生长提供了有利空间,在植物根劈作用下,进一步加剧结构面贯通,最终形成崩塌落石。例如柴埠溪大峡谷风景区植被发育(图 3-16),植物根劈作用导致结构面张开度增大,促进了崩塌落石地质灾害的形成。

图 3-16　柴埠溪大峡谷植被根劈作用

四、降雨

宜昌市旅游景区地质灾害隐患点多分布在集中降雨期，降雨诱发是宜昌市旅游景区地质灾害的主要外因。地质灾害类型不同，发育环境不同，降雨对促进地质灾害发育变形的作用也不相同（殷坤龙等，2002）。

对于崩塌类地质灾害，降雨的作用主要表现为静水压力和软化作用两个方面。对于碳酸盐岩类等硬质岩石，该类岩石岩性硬脆，力学强度高，降雨沿裂隙入渗，裂隙内充水形成静水压力，加速崩塌的发展变形；对于碎屑岩类岩石，该类岩石多为软岩或极软岩，遇水长期浸泡易软化，力学强度降低，加速崩塌发展变形。例如车溪民俗文化旅游区（图 3-17），降雨经常诱发崩塌落石地质灾害。

图 3-17　车溪民俗文化旅游区降雨诱发的崩塌落石灾害

对于滑坡类地质灾害，降雨的作用主要为：一是降雨入渗加大滑体自重，增加下滑力；二是降雨入渗软化滑体滑面，岩土体力学强度降低，加速岩土体滑移变形；三是降雨入渗径流形成动水和静水压力，降低滑坡稳定性。

五、人类工程活动

人类工程活动对地质灾害的作用主要表现为降低斜坡稳定性和增加威胁对象两个方面(殷坤龙等，2002)。随着宜昌市旅游业的蓬勃发展，宜昌市旅游景区建设力度也逐年增大，景区内建房、修路等人类工程活动，改变了原始地形地貌，形成了高陡边坡，破坏了天然斜坡应力平衡，降低了坡体稳定程度。例如金狮洞景区道路扩建，形成了高陡边坡，进而形成崩塌落石地质灾害隐患点(图 3-18)。

另外，景区修建旅游配套设施等工程活动造成游客相对集中，人数增多，增加了地质灾害发生时的危害对象及威胁资产。例如鸣翠谷景区修建停车场及游客集中休息区，形成崩塌地质灾害(图 3-19)，该崩塌点威胁游客及工作人员20 余人，威胁资产 300 余万元。

图 3-18　金狮洞景区崩塌落石地质灾害隐患点

图 3-19　鸣翠谷景区 2 号崩塌

第四节 地质灾害特点

一、隐蔽性

宜昌市旅游景区山高坡陡，地形陡峭，起伏较大，地质灾害调查工作难度较大，且景区植被茂密，森林覆盖率高，岩体主控结构面被覆盖，很难被发现（图3-20）。目前通过遥感、无人机、地面调查等技术手段，很难查明主控结构面的贯通性、延展性，难以开展崩塌、落石的风险评价。景区崩塌落石规模往往较小，一般在岩质高或陡斜坡坡面附近，分布范围广、查明难度大，发生前多无征兆或征兆历时短不易捕捉、不易防范，因此宜昌市旅游景区地质灾害具有隐蔽性。以车溪民俗文化旅游区为例，该旅游区属低山丘陵区，受地层岩性的控制，一般多形成陡崖地貌，景区内各灾害点均沿公路陡崖延展，分布高程为160～310m，区内植被发育，植被覆盖率达80%以上，山高坡陡，树木遮挡严重，地面调查工作很难开展，主控结构面的贯通性、延展性很难被查清，崩塌落石灾害点隐蔽性较高。

图3-20 车溪民俗文化旅游区植被茂密

二、突发性

宜昌市旅游景区主要出露白云岩、白云质灰岩、灰岩等厚层碳酸盐岩。碳酸盐岩地层岩性较脆，新生代以来，地壳运动主要表现为间歇性隆起，受断裂带及褶皱影响，碳酸盐岩地层完整性较差，结构面发育。在突发集中强降雨下，结构面充水形成静水压力，降低岩体强度、加速岩体风化速度，发生崩塌落石等地质灾害，具有明显的突发性。除此之外，随着生态保护力度的持续加大，景区野生动物数量逐年增多，野生猴群、山羊、野兔等动物在景区活动范围增大，野生动物在景区活动时，也会导致坡面浮石的掉落，造成一定人员伤亡。例如 2019 年 7 月 5 日 16 时 28 分，三峡大瀑布旅游区步道突发落石，导致一人死亡，事故发生时，景区范围内未出现降雨，而落石区域长期存在猴群活动，经分析，该事故是猴群攀爬导致落石产生的(图 3-21)。

图 3-21　三峡大瀑布旅游区落石灾害

三、破坏性

宜昌市旅游景区多为峡谷型地貌，山高坡陡，高差较大，崩塌落石虽然规模不大，一旦形成，速度极快，具有较高势能，破坏力较大，而景区一般空间狭小，游客较为集中，威胁游客数量较多，即使是体积小的石块，一旦发生崩塌落石灾害，与游客发生碰撞，伤亡情况也会较为严重，具有“小灾大害”的特点。例如三峡人家景区2017年10月15日，突发落石灾害，落石体积约$3m^3$，落石下落高度约5m，落石点位于临江旅游栈道，空间狭小，游客密集，此次地质灾害造成多人伤亡（图3-22）。

图3-22 三峡人家风景区落石灾害

第四章　宜昌市旅游景区地质灾害风险评价

本章将介绍地质灾害风险评价基本原理及方法，以车溪民俗旅游区为典型案例，从易发性评价、危险性评价、易损性评价3个方面深入分析车溪民俗旅游区地质灾害风险，最后全面总结宜昌市AAA级以上景区地质灾害风险发育特征，为宜昌市旅游景区地质灾害风险管控提供科学依据。

第一节　地质灾害风险评价概述

一、风险定义

地质灾害风险评价是一项有力的防灾减灾措施，从点、面、区上评价、预测地质灾害发生的可能性大小，针对性的采取以预防、避让、治理为主或者相结合的方式统筹和部署相关工作，为国家政府部门提供决策参考，对减少人民生命财产损失和促进社会和谐发展都具有重要的现实意义（马寅生等，2004；齐信等，2012）。

对于风险的定义，国内外研究人员有不同的见解（向喜琼和黄润球，2000）。国外起步较早，在20世纪30年代就开始关注风险分析，风险被定义为对人类造成危害的所有对象之和（马寅生等，2004）。1992年联合国人道主义事务部提出风险是在特定区域和特定时间段内，由某一地质灾害造成的生命财产及经济活动可能的损失，并提出了“风险度＝危险度×易损度”的表达式。现在更多人认为风险是对不确定事件一种度量，本质是一个概率问题，在对风险定义的认识上，国内外专家和学者普遍认为风险是对存在两个或者两个以上结果的不确定性的一种度量。国内学者认为将风险定义为在一定的人员损伤或财产损失水平条件下，某一灾害发生的概率值（程凌鹏等，2001）。可见，风险是针对不确定事件而言的。

二、风险评价的基本步骤

宜昌市旅游景区地质灾害风险评价以系统为指导，从风险判别方面展开，以风险评价为基础，以风险管控为核心，风险评价基本步骤如下。

(1)认识风险背景：调查宜昌市旅游景区历史时期以来地质灾害的基本情况，分析在极端条件影响下，地质灾害未来面临的形势，从风险背景中确定研究区地质灾害防治和风险管控的必要性。

(2)识别风险因素：从要素角度对宜昌市旅游景区地质灾害风险形成进行系统辨识，解释和阐明地质灾害风险形成过程。建立地质灾害与形成条件关系，认识地质环境条件、气象水文及人类活动对地质灾害形成发育的作用。阐明地质灾害风险的形成因素及风险源、各类地质灾害内外因作用下地质灾害的特征，揭示地质灾害发生、发育和变化的驱动因子。

(3)开展风险评价：从宜昌市旅游景区地质灾害易发性评价、危险性评价、易损性评价 3 个递进层次，揭示地质灾害风险特征。利用地理信息技术平台，采用不同技术方法，对区域地质灾害风险进行评价，得出不同区域风险评价等级。

(4)实施风险管控：明确宜昌市旅游景区地质灾害风险管控过程中的载体、对象、内容和方法，通过规划、监测预警、防治、应急、科技支撑、宣传培训等方法，达到降低风险的目的。

第二节　地质灾害风险评价内容

宜昌市旅游景区地质灾害风险评价是在对旅游景区孕灾环境、致灾因子和承灾体进行充分调查、研究的基础上，定量分析和评估旅游景区遭受不同强度地质灾害的可能性及可能造成的后果，并按照灾害等级划分标准，衡量灾害风险发生的程度(程凌鹏等，2001)。从具体内容上，地质灾害风险评价包括地质灾害易发性、危险性、易损性及风险性评价等 4 个部分。

一、地质灾害易发性评价

地质灾害易发性评价主要是对旅游景区地质环境背景条件的分析，包括地形地貌、地层岩性、地质构造、水文地质等自然地质因素，根据各地质因素在灾害孕育中所占的权重对其进行量化叠加，进而得出旅游景区地质灾害的易发等级。

(一)评价方法

常规的地质灾害易发性评价方法主要分为 3 类：一是基于专家经验认知的定性评价方法，如专家打分法、模糊综合评判法等；二是基于统计学的半定量评价方法，如证据权法、信息量法、逻辑回归模型等；三是基于物理模型的定量评价方法，如 TRIGRS 模型、斜坡水文模型等。宜昌市旅游景区内地质灾害位置及时间记录较为完善，符合信息量模型的使用条件，故本次地质灾害易发性评价采用基于 GIS 技术的信息量法进行。

信息量法是从信息理论中引出的一种统计预测方法，广泛用于环境地质研究中，如滑坡、斜坡稳定性的空间预测。按这种方法，某种地质因素引发发生灾害的可能性是通过计算其信息量来度量的，即用信息量大小来评价地质因素及其状态与灾害发生的关系。它的基本思路是在收集大量的基础地质环境资料前提下，通过选取合适的评价预测指标，运用恰当的数学分析模型，对研究区进行地质灾害危险性等级的划分，从而为地质灾害的管理、防治和预警决策提供依据。

通过已变形或破坏区域的现实情况提供的信息，把反映各种影响区域稳定性因素的实测值转化为区域稳定性的信息值，即通过某些因素对所提供的研究对象的信息量进行计算来评价。在地质灾害易发性评价时，各种影响因子与地质灾害形成的关系在理论上尚无定论。信息量法通过统计学的方法，计算出不同影响因子对地质灾害发生提供的信息量值，量化其对地质灾害的影响程度，在调查数据的基础上，定性地对影响因子分类，即可客观地反映出影响因子与地质灾害发育程度之间的关系，从而避免人为的主观判定，导致赋值不合理的情况。

在进行地质灾害信息预测时，有一个基本的观点：人为地判定某地质灾害的产生与否与在预测过程中我们所能获取信息的数量和质量有关，判定的标准是信息量，可通过下式计算

$$I(y,x_1x_2\cdots x_n)=\log_2\frac{P(y|x_1x_2\cdots x_n)}{P(y)} \tag{4-1}$$

上式可写成

$$I(y,x_1x_2\cdots x_n)=I(y,x_1)+I_{X_1}(y,x_2)+\cdots+I_{X_1X_2\cdots X_{n-1}}(y,x_n) \tag{4-2}$$

式中：$I(y,x_1x_2\cdots x_n)$ 为具体因素组合 $x_1x_2\cdots x_n$ 对地质灾害的发生所提供的信息量(bit)；$P(y|x_1x_2\cdots x_n)$ 为因素 $x_1x_2\cdots x_n$ 组合条件下地质灾害发生的概率；$P(y)$ 为地质灾害发生的概率；$I_{X_1}(y,x_2)$ 为在因素 x_1 存在条件下，因素 x_2 对地质灾害的发生提供的信息量。

(1)单独计算各因素 x_i 对次生地质灾害发生事件(y)提供的信息量 $I(y,x_i)$，在实际计算中可运用频率来进行条件概率的估算，计算公式为

$$I(y,x_1x_2\cdots x_n)=\log_2\frac{S_0/S}{A_0/A} \tag{4-3}$$

式中：A 为区域内单元总面积；A_0 为已经发生崩塌、滑坡灾害的单元面积之和；S 为具有相同因素 $x_1x_2\cdots x_n$ 组合的单元总面积；S_0 为具有相同因素 $x_1x_2\cdots x_n$ 组合单元中发生崩塌、滑坡灾害的单元面积之和。

(2)评价单元内总的信息量，采用下式计算

$$I=\sum_{i=1}^{n}I_i=\sum_{i=1}^{n}\log_2\frac{S_0^i/S^i}{A_0/A} \tag{4-4}$$

式中：I 为区域内某单元信息量预测值；S_i 为因素 x_i 所占单元总面积；$S_0{}^i$ 为因素 x_i 单元中发生崩塌、滑坡的单元面积之和。

(3)用总的信息量 I 作为该单元影响次生地质灾害发生的综合指标，其值越大表明越有利于次生地质灾害的发生，该单元的次生地质灾害易发性也越高。

最后对最终的全部单元的信息量值划分类别，分成不同的易发性等级。具体方法步骤如下。

(1)首先确定控制和影响地质灾害发生的主要因素，以定性评价方法建立各种因素的优势范围。

(2)将分区的研究区域进行单元网格剖分，然后把每个单元内地质灾害影响单要素进行定性评价，依据定性评价结果给每个单元进行量化。

(3)将量化后的每个单元在 GIS 平台上进行各种地质灾害信息叠加，再与本次野外调查及室内资料整理形成的感性易发区分区进行适当修正，最终形成较为合理的易发性分区。

(二)易发性评价因子的选取

宜昌市 AAA 级以上旅游景区地质灾害受地形地貌、地层岩性、地质构造、降雨及人类工程活动影响较大，因此易发性评价主要考虑地形地貌、地层岩性、地质构造、斜坡结构类型、水文地质条件等常规因素，同时亦需兼顾景区各自的特点，考虑评价因子的差异性。如昭君村古汉文化游览区，其主要受库水位及大气降雨影响，诱发的地质灾害主要为土质滑移，影响景区地质灾害的易发性因子应主要以地表水系影响程度及第四系覆盖层分布与厚度为主。再如三峡人家风景区、三峡大瀑布旅游区，区内地形陡峻，但地层多平缓，影响景区地质灾害的易发性因子应以地形坡度、斜坡体相对高差、结构类型及节理裂隙发育密度为主。景区地质灾害易发性评价因子划分见表 4-1。

表 4-1　景区地质灾害易发性评价因子划分表

序号	景区名称	斜坡岩、土体结构类型	地层起伏情况	发性评价因子
1	屈原故里文化旅游区、西塞国旅游度假区	分布区岩性主要为花岗岩、变质岩，斜坡结构主要为单一硬质岩类	地层近水平	①地形坡度；②斜坡体相对高差；③风化层分布与厚度；④节理裂隙发育密度；⑤地质灾害发育密度；⑥植被类型和覆盖率
2	昭君村古汉文化游览区	分布区岩性主要为第四系松散土类及粉砂岩、细砂岩，斜坡结构主要为岩土复合类	地层陡倾	①地表水系（主要为库水位）影响程度；②第四系覆盖层分布与厚度；③地形坡度；④斜坡体相对高差；⑤地质灾害发育密度；⑥植被类型和覆盖率
3	三峡竹海生态风景区、高岚朝天吼漂流景区、三峡人家风景区、三峡大瀑布旅游区、金狮洞景区、情人泉景区、三峡奇潭景区、三峡富裕山景区、百里荒景区等	分布区岩性主要为灰岩、白云岩、白云质灰岩等，斜坡体结构主要为单一硬质岩类	地层起伏一般较平缓	①地形坡度；②斜坡体相对高差；③节理裂隙发育密度；④斜坡体结构类型；⑤地质灾害发育密度；⑥植被类型和覆盖率
4	奥陶纪石林、古潮音洞度假山寨、天龙峡旅游度假区、清江方山景区、天柱山景区、麻池古寨旅游区、柴埠溪大峡谷风景区、天门峡景区、五峰长生洞景区等		地层起伏变化较大	①地形坡度；②斜坡体相对高差；③斜坡体结构类型；④地质构造发育程度；⑤地质灾害发育密度；⑥植被类型和覆盖率

续表 4-1

序号	景区名称	斜坡岩、土体结构类型	地层起伏情况	发性评价因子
5	九畹溪风景区、链子崖景区、三峡九凤谷景区、鸣翠谷景区、青龙峡漂流景区、清江画廊旅游度假区等	分布区岩性主要为灰岩、白云岩、石英砂岩等硬质岩与页岩等软质岩互层形成的二元或多元斜坡结构	地层起伏变化较大	①地层岩性；②地形坡度；③斜坡体相对高差；④斜坡体结构类型；⑤节理裂隙发育密度；⑥地质灾害发育密度；⑦植被类型和覆盖率
6	鸣凤山风景区、三峡水乡景区、玉泉山风景名胜区	分布区岩性主要为红砂岩、泥质粉砂岩，斜坡体结构主要为单一软质岩类	地层起伏一般较平缓	①地形坡度；②斜坡体相对高差；③第四系覆盖层分布与厚度；④节理裂隙发育密度；⑤地质灾害发育密度；⑥植被类型和覆盖率

二、地质灾害危险性评价

地质灾害危险性评价主要是在易发程度分区评价的基础上，旅游景区内地质灾害发生的概率，包括时间概率、空间概率、规模概率等。宜昌市景区地质灾害以小型崩塌为主，降雨及人类工程活动均是其发生的外在因素，因此规模概率和时间概率在危险性评价上不具有代表性。结合《地质灾害危险性评估规范》(GB/T 40112—2021)，本书对于危险性评价仅讨论其发生的空间概率，即地质灾害发生后所造成的影响范围概率。

常用的地质灾害危险性评价方法主要有地质灾害频率分析、地质灾害强度分析、地质灾害影响范围分析及不同诱发因素概率水平的地质灾害危险性分析。宜昌市景区发育种类最多的地质灾害类型为崩塌，崩塌一旦发生，岩土体将会从原来的位置崩落下来，沿着斜坡发生一段位移，比较适合采用地质灾害影响范围及强度分析，可用数值模拟法进行分析。具体方法为通过易发性评价圈定潜在崩塌源区，结合已调查出的地质灾害点，建立 Flow-R 模型，进行崩塌灾害运动范围评估。

具体原理如下：Flow-R 模型依据流向理论确定崩落方向，依据能量守恒定律，结合简易摩擦模型、惯性模型确定崩落路径和影响范围。落石的势能等于动能和克服摩擦所做的功，具体公式原理及示意图如图 4-1 所示。

$$f_{si}=\frac{(\tan\beta_i)^x}{\sum_{j=1}^{\infty}(\tan\beta_j)^x} \tag{4-5}$$

$$E_{\text{kin}}^i=E_{\text{kin}}^0+\Delta E_{\text{pot}}^i-E_j^i \tag{4-6}$$

$$V_i=\left[\alpha_i\omega(1-e^{b_i})+V_0^2e^{b_i}\right]^{1/2} \tag{4-7}$$

$$\alpha_i=g(\sin\beta_i-\mu\cos\beta_i) \tag{4-8}$$

$$b_i=-\frac{2Li}{\omega} \tag{4-9}$$

$$E_i^f=g\Delta x\tan\varphi \tag{4-10}$$

式(4-5)为 Hmolmgre 修正算法(图 4-1)。式中，$\tan\beta>0$，$x\geqslant 1$；i,j 为运动方向($i,j=1,2,\cdots,8$)；f_{si} 为 i 方向运动概率；$\tan\beta_i$ 为单元 i 方向与中心点的坡度值。当 $x=1$,类似于多流向算法；当 x 逐渐增大，分歧变小；当 x 趋于∞，类似于单流向算法，增加指数 x 到多流量算法中有效减少了误差。

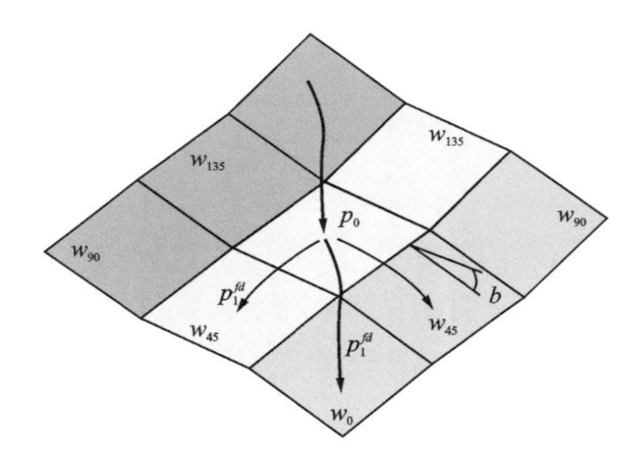

图 4-1　Hmolmgre 修正算法示意图

式(4-6)为能量公式，式中 E_{kin}^i 为目标像元 i 的动能；E_{kin}^0 为初始像元的势能；ΔE_{pot}^i 为初始像元向 i 像元运行过程中产生的动能；E_j^i 为受摩擦力影响产生的能量。

式(4-7)～式(4-9)为简易摩擦模型公式。式中 ω 为质阻比；V_0 为初始速度；g 为重力加速度；β_i 为所处像元的坡度；μ 为摩擦参数；L_i 为长度。

式(4-10)为能量损失函数，该函数能够基于最小到达角度得到最大可能运动距离，进而确定运动过程中产生的影响范围。式中 g 为重力加速度；Δx 为水平位移增量；φ 为中心像元与最远像元的连线与水平方向的夹角，即最小到达角度。在崩塌运动的过程中若产生的最小到达角度有 $\varphi<\varphi_1<\varphi_2$，则产生的水平

位移增量会有 $\Delta x > \Delta x_1 > \Delta x_2$ 。简易摩擦模型模拟如图 4-2 所示。

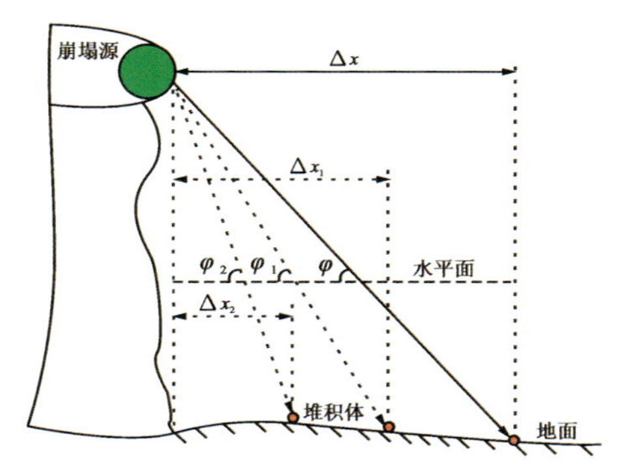

图 4-2　简易摩擦模型模拟示意图

三、地质灾害易损性评价

易损性评价是对于承灾体的破坏和损失程度的评价，所谓承灾体即地质灾害影响范围内人员以及可用经济价值衡量的物，评价中需考虑人员的分布情况、性别、年龄结构、文化程度，以及经济类承灾体的价值等。地质灾害受影响区内承灾体可能遭受地震灾害破坏的程度，可用 0（没有损失）到 1（完全损失）之间的数字来表征。按直接风险和间接风险分类，可将承灾体划分为物理承灾体（如建筑物、生命线工程、交通等）、社会承灾体（人口、社会影响）、环境承灾体（如因灾害链导致的环境污染）和土地资源承灾体（如经济作物）等 4 类。

对于风景区来说，人口具有很强的流动性，无法进一步量化评价区内的人口数量；土地资源基本为林地，无法进一步细分；基本不存在因灾害链导致的环境问题，因此在景区地质灾害易损性评价时，选择建筑、交通线作为易损性的主要评价指标，具体根据地质灾害强度、建筑物及交通线的属性进行定性分析，确定各类承灾体的易损性值。采用公式计算评价单元的综合易损性值，用自然断点法进行易损性分区。综合易损性值计算模型公式：

$$V_e = \frac{1}{S}\sum_{j=1}^{m}\sum_{i=1}^{n} P_{ij} \cdot V_{ij} \cdot S_{ij} \tag{4-11}$$

式中：V_e 为评价单元的综合易损性值；S 为单元面积；V_{ij} 为第 i 类承灾体遭受 j 类地质灾害的损失程度，即分项易损性；S_{ij} 为第 i 类承灾体遭受 j 类地质灾害的平面分布面积；P_{ij} 为第 i 类承灾体遭受 j 类地质灾害损失程度的概率。

四、地质灾害风险性评价

地质灾害风险性评价即基于以上地质灾害因素指标（易发性、危险性）和承灾体因素指标的综合分析，通俗来讲即表示各类承灾体可能受到灾害袭击而造成的直接和间接经济损失、人员伤亡及环境破坏程度等；在量化表示上为危险性、易损性及承灾体价值三者的乘积（张晓东，2004）。地质灾害风险性评价一般分为两个阶段，分别为风险分析和风险评价。风险分析包括前述易发性评价、危险性评价、易损性评价和风险计算；风险评价是将分析结果与容许风险标准进行对比，以判断风险的可接受程度或现有风险控制措施的可行性。

在地质灾害易发性、危险性、承载体易损性评价以及承载体数量或经济价值分析等成果的基础上，利用下述公式计算地质灾害风险：

$$R = H \times V \times E \tag{4-12}$$

式中：R 为地质灾害风险；H 为特定地区范围内某种潜在灾害在一定时间以某种强度发生的概率；V 为承载体易损性值；E 为受灾害威胁的对象，包括人口、经济等。

完成风险计算后，结合工作区的法律法规、经济发展水平和社会可用于地质灾害防治的资源，制定风险接受准则，将风险分析成果与之对比完成风险评价。

第三节　地质灾害风险评价结果

一、旅游景区地质灾害风险评价典型案例——车溪民俗文化旅游区

（一）车溪民俗文化旅游区概况

车溪民俗文化旅游区位于宜昌市点军区土城乡境内，这里的民俗文化兼具有巴人和楚人的特色，主要以田园风光和土家民俗文化为特色，是国家AAAA级旅游景区，新三峡十景之一。车溪自然景观奇特秀丽，在3km长的微型峡谷里，至今还保存有第四纪冰川时期遗存下来的、属世界罕见的3000多亩（1亩≈666.67m^2）古生腊梅群落，被誉为“三峡植物奇观”（图4-3）。

（二）车溪民俗文化旅游区地质环境背景及地质灾害发育情况

车溪民俗文化旅游区属低山丘陵区，地形较为复杂，地貌类型属构造剥蚀低山丘陵地貌。景区出露岩层主要为下奥陶统南津关组—牯牛潭组（O_1g-n），岩性为深灰色中层状灰岩，脆硬岩层产状130°～148°∠5°～12°。景区人类工程活动主要为切坡修路及修建建筑物、构筑物。车溪民俗文化旅游区发育10处地质灾害隐患点，均为崩塌点，其中规模等级为中型1处，其余9处均为小型。目前景区已对险情比较严重的两处隐患点（天龙云窟、梅林寺庙）进行了封闭，对部分隐患点（泡桐树湾、堰湾）进行了工程治理。景区典型崩塌地质灾害隐患点见图4-4。

图 4-3　车溪民俗文化旅游区风光

图 4-4　景区典型崩塌地质灾害隐患点

（三）车溪民俗文化旅游区地质灾害易发性评价

根据车溪民俗文化旅游区地质环境背景条件以及景区内地质灾害发育情况，本次易发性评价选择地形坡度、斜坡体相对高差、节理裂隙发育密度、斜坡体结构类型、地质灾害发育密度、植被类型和覆盖率6个评价因子进行分析，采用信息量模型计算各评价因子对地质灾害发育的信息量值，计算结果见表4-2。各评价因子的分类结果如图4-5所示。

表4-2　评价因子信息量计算表

评价因子	分段	分段面积/m^2	地灾面积/m^2	信息量	排序
地形坡度/(°)	0～10	426 040	2 997.32	−1.29	23
	10～20	408 128	8 741.58	−0.91	21
	20～30	473 132	8 194.63	0.01	13
	>30	455 148	10 404.56	0.41	6
高程/m	110～160	661 056	6 345.86	−0.84	20
	160～210	450 172	10 332.71	−0.14	16
	210～260	422 900	5 842.04	−0.32	18
	260～310	139 564	2 782.66	0.21	10
	>310	88 756	5 034.82	−0.02	14
节理裂隙发育密度	低密度	80 375	0.00	−10.00	26
	中密度	1 313 560	22 255.62	0.42	5
	高密度	368 533	8 082.49	1.72	1
斜坡体结构类型	顺向坡	85 196	105.94	0.78	3
	斜顺向坡	222 420	3 859.77	0.32	8
	横向坡	949 960	17 731.74	0.12	11
	斜逆向坡	403 040	8 480.92	0.01	12
	逆向坡	101 832	159.72	−3.46	24
地质灾害发育密度	极低密度	166 004	0.00	−10.00	26
	低密度	156 764	1 749.60	−0.63	19
	中密度	381 768	3 485.38	0.29	9
	高密度	684 244	10 717.08	0.35	7
	极高密度	373 668	14 386.04	1.16	2
植被覆盖率	−0.12～0.15	89 608	2 255.20	0.55	4
	0.15～0.27	207 356	3131.01	−0.19	17
	0.27～0.36	375 456	11 099.53	−3.79	25
	0.36～0.44	627 944	10 277.96	−0.07	15
	0.44～0.58	460 764	3 550.12	−1.16	22

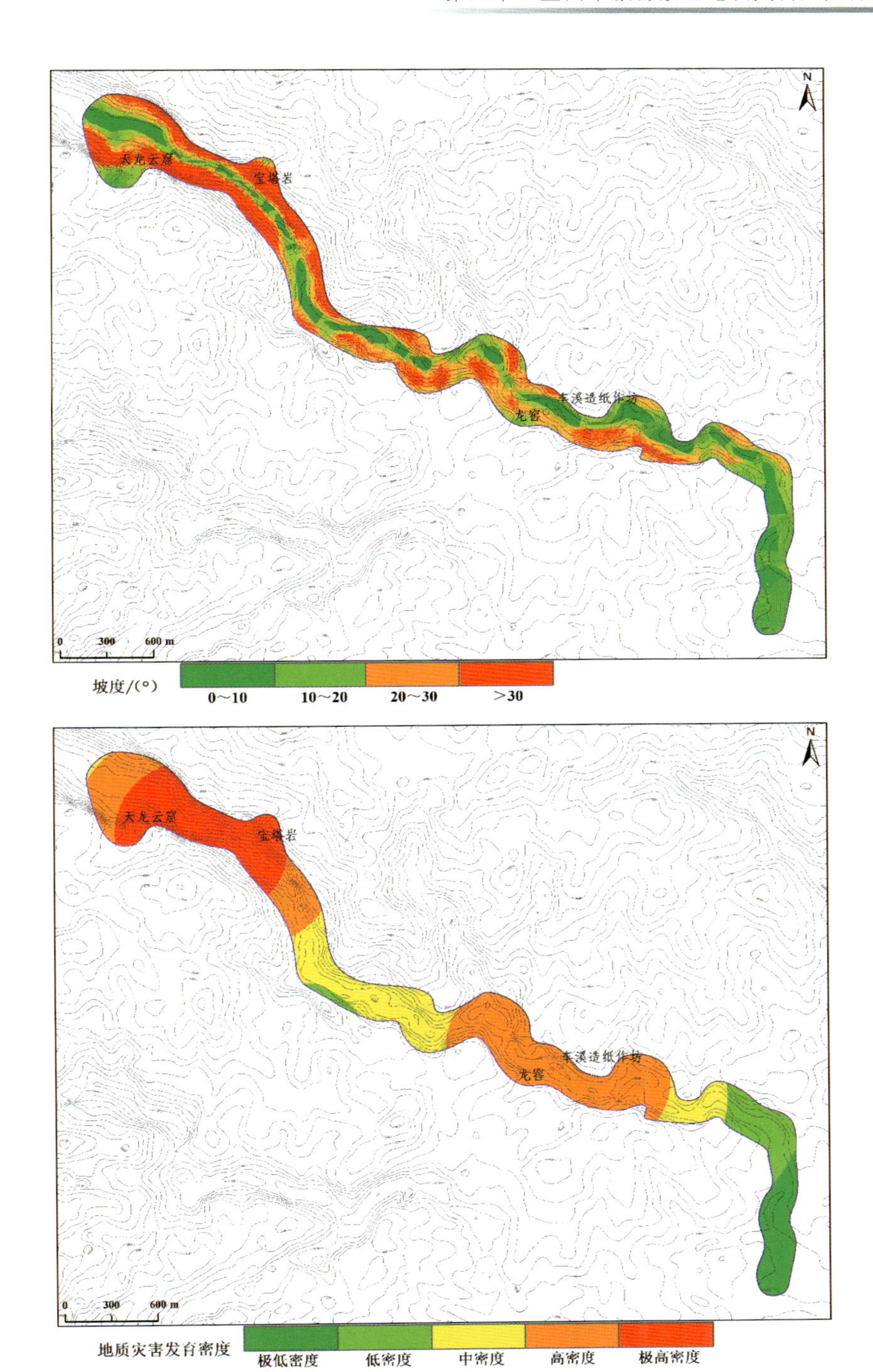
天龙云窟
宝塔岩
车溪造纸作坊
龙窖
0
300
600 m
坡度/(°)
0～10
10～20
20～30
>30
地质灾害发育密度
极低密度
低密度
中密度
高密度
极高密度

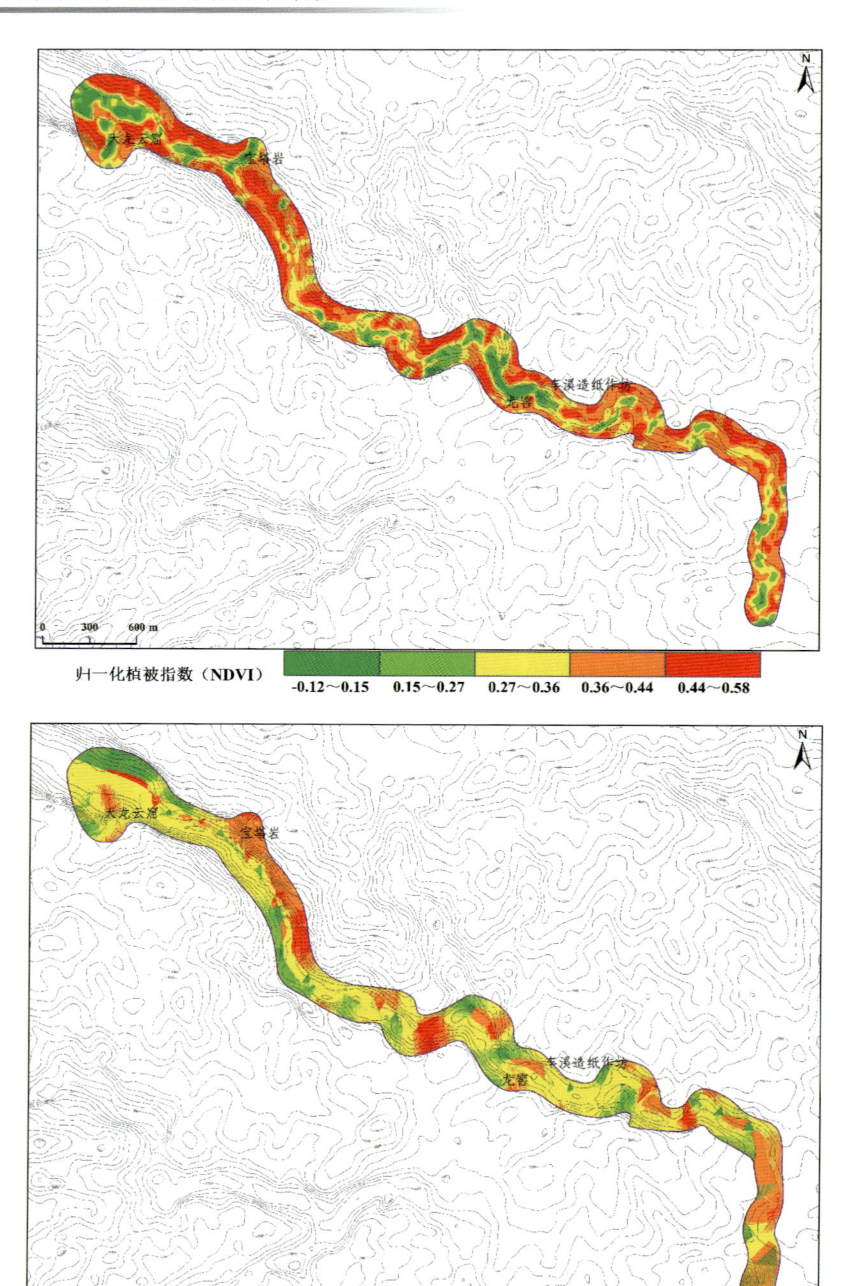
N
天龙云窟
宝塔岩
车溪造纸作坊
龙窑
0 300 600 m
归一化植被指数（NDVI）
-0.12～0.15
0.15～0.27
0.27～0.36
0.36～0.44
0.44～0.58
N
天龙云窟
宝塔岩
车溪造纸作坊
龙窑
0 300 600 m
斜坡结构类型
顺向坡
斜顺向坡
横向坡
斜逆向坡
逆向坡

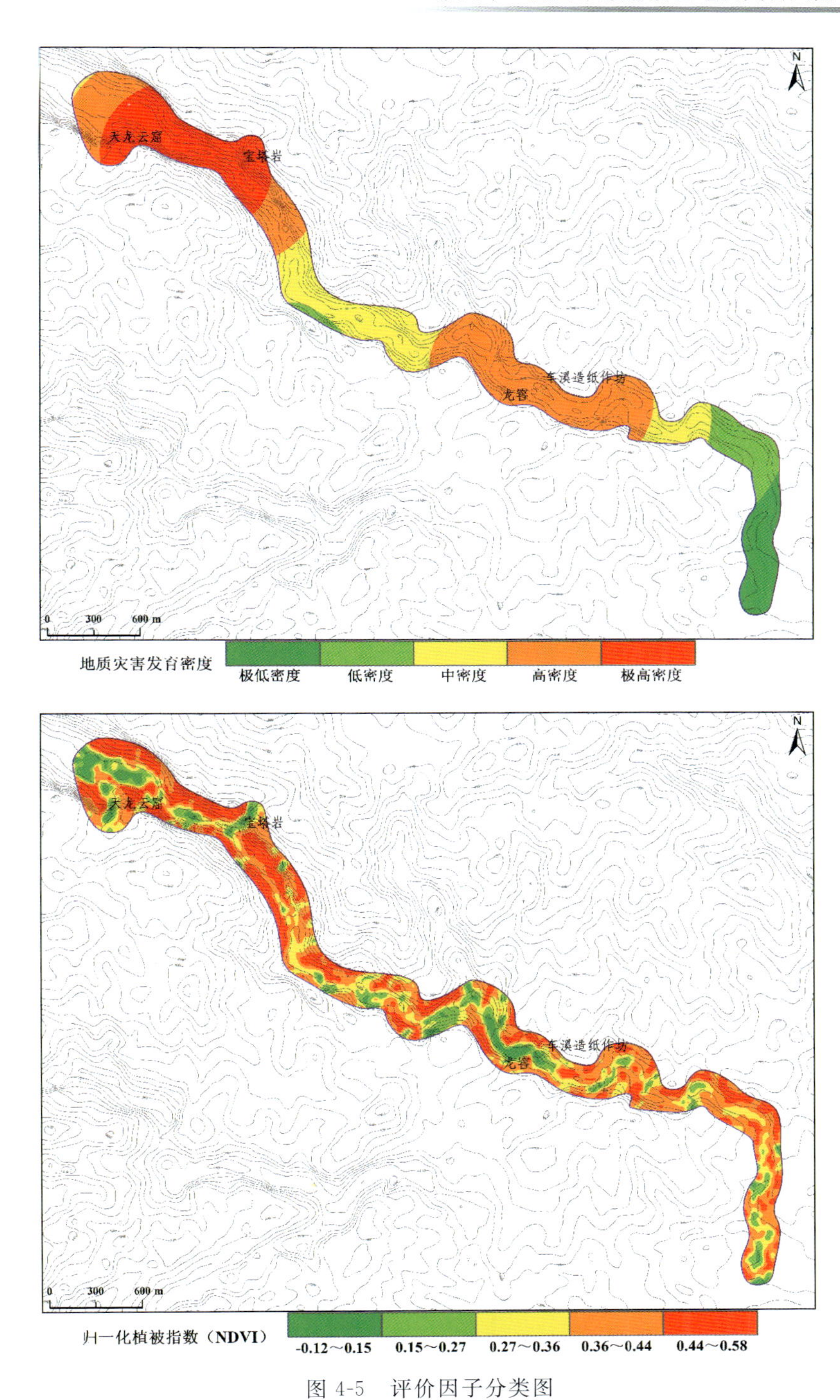
天龙云窟
宝塔岩
车溪造纸作坊
龙窖
0 300 600 m
N
地质灾害发育密度
极低密度
低密度
中密度
高密度
极高密度
归一化植被指数（NDVI）
-0.12～0.15
0.15～0.27
0.27～0.36
0.36～0.44
0.44～0.58

图 4-5 评价因子分类图

根据层次分析法(AHP)计算各因子的权重大小,计算结果如表 4-3、表 4-4 所示。

表 4-3 评价因子的判断矩阵及一致性检验结果

评价因子	地形坡度	斜坡体相对高差	节理裂隙发育密度	斜坡体结构类型	地质灾害发育密度	植被覆盖率
地形坡度	1	1	2	1	2	3/2
高程	1	1	4/3	1	2	3/2
节理裂隙发育密度	1/2	3/4	1	1	2	2
斜坡体结构类型	1	1	1	1	1 $\frac{1}{2}$	3/2
地质灾害发育密度	1/2	1/2	1/2	2/3	1	3/4
植被覆盖率	2/3	2/3	1/2	2/3	4/3	1
$\lambda_{max}=6.09, CI=0.02, RI=1.24, CR=0.01<0.1$,通过一致性检验						

表 4-4 评价因子权重计算结果

评价因子	地形坡度	高程	地层岩性	斜坡体结构类型	地质灾害发育密度	植被覆盖率
权重	0.22	0.20	0.18	0.18	0.10	0.12

基于 ArcGIS 平台,将 6 个评价因子赋值、加权叠加后得到地质灾害易发性分布图,结合景区内地质灾害分布情况进行调整,并将其划分为低易发区、中易发区和高易发区 3 个等级,结果如表 4-5 和图 4-6 所示。

表 4-5 易发性评价结果统计表

信息量分级	易发性等级	分级面积/m^2	面积占比/%
[−2.91,−0.69]	低易发区	551 556	31.30
[−0.69,0.33]	中易发区	1 082 176	61.40
[0.33,1.39]	高易发区	128 716	7.30

通过崩塌源易发性分区图(图 4-6)可以发现,高易发区主要分布在道路附近、地形陡峭的斜坡带。根据易发性评价结果和地质灾害实际分布情况选取信息量值范围为[0.33,1.39]且坡度大于 30°的区域作为崩塌源区。

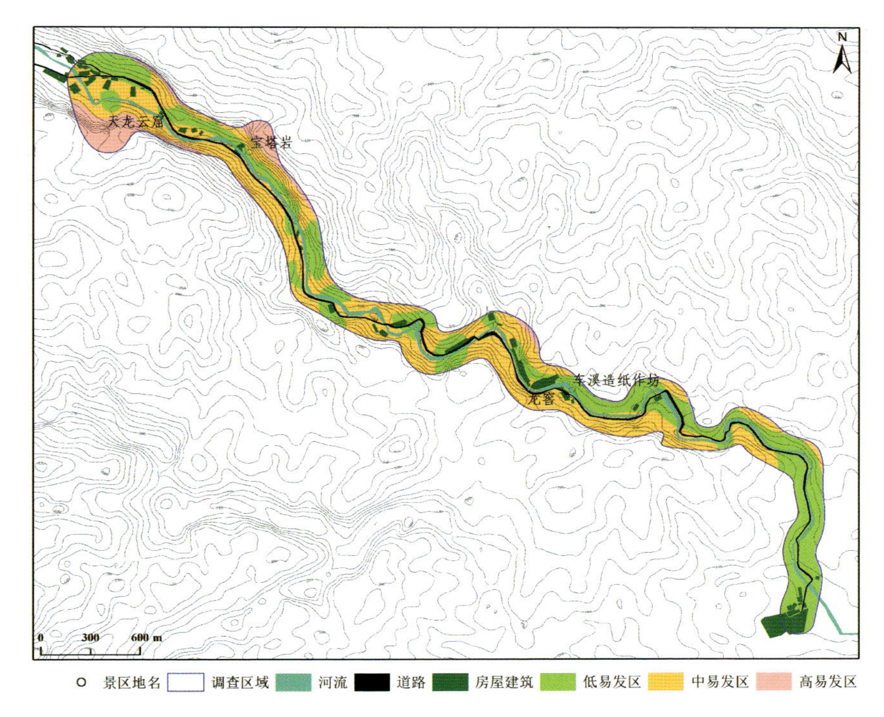

图 4-6 车溪民俗文化旅游区崩塌易发性分区图

（四）车溪民俗文化旅游区地质灾害危险性评价

崩塌灾害主要发生的是以垂直运动为主的地质现象，岩体脱离母岩，重力势能转换为动能，在经过与地面摩擦阻滞后，动能归零。近年来概率分析方法和地理信息系统的引进，使得针对崩塌的数值模拟更符合崩塌影响因素离散化的特点，并且可以由原来的二维分析提升至三维分析，评价结果也更直观有效。本次采用 ArcGIS 平台和 Flow-R 软件对车溪民俗文化旅游区的崩塌影响范围进行分析。

先以 DEM、坡度等数据为基础，选择合适的算法确定崩塌发生后的运动方向，通过确定崩塌所能达到的最远距离与水平面之间的夹角模拟最终停止位置。输入基础地形数据和崩塌源信息，设定模拟函数，结合现场调查分析确定的最小到达角阈值后，计算崩塌落石的到达概率和影响范围，到达概率数值越大表明越容易受到崩塌的影响，危险性越大，结合实地调查验证确定最终的危险性分区（图 4-7）。

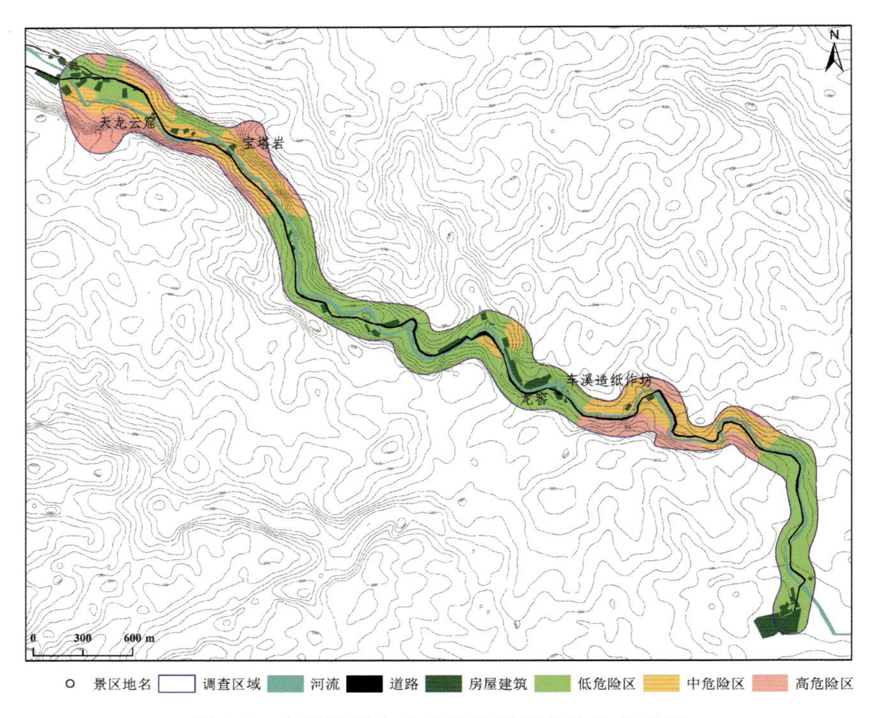

图 4-7　车溪民俗文化旅游区崩塌危险性分区图

(五)车溪民俗文化旅游区承灾体易损性评价

车溪民俗文化旅游区的承载体主要包括建筑物、道路、人员和车辆。考虑到人员和车辆流动性较大,参考相关规范,将人口风险的易损性值统一定为 0.3,建筑物和道路的易损性值根据建筑物的结构和地质灾害发生的强度确定。采用公式计算评价单元的综合易损性值,用自然断点法进行易损性分区,结果如图 4-8 至图 4-10 所示。

(六)车溪民俗文化旅游区地质灾害风险评价

根据危险性评价和易损性综合评价结果,给不同危险性和易损性等级赋值,建立风险评价矩阵,利用 ArcGIS 空间叠加分析工具,得出了车溪民俗文化旅游区地质灾害风险分区(图 4-11)。车溪民俗文化旅游区调查总面积 1.77km^2,其中低风险区 1.33km^2,占总调查面积的 75.14%;中风险区 0.34km^2,占总调查面积的 19.41%;高风险区 0.1km^2,占总调查面积的 5.47%。

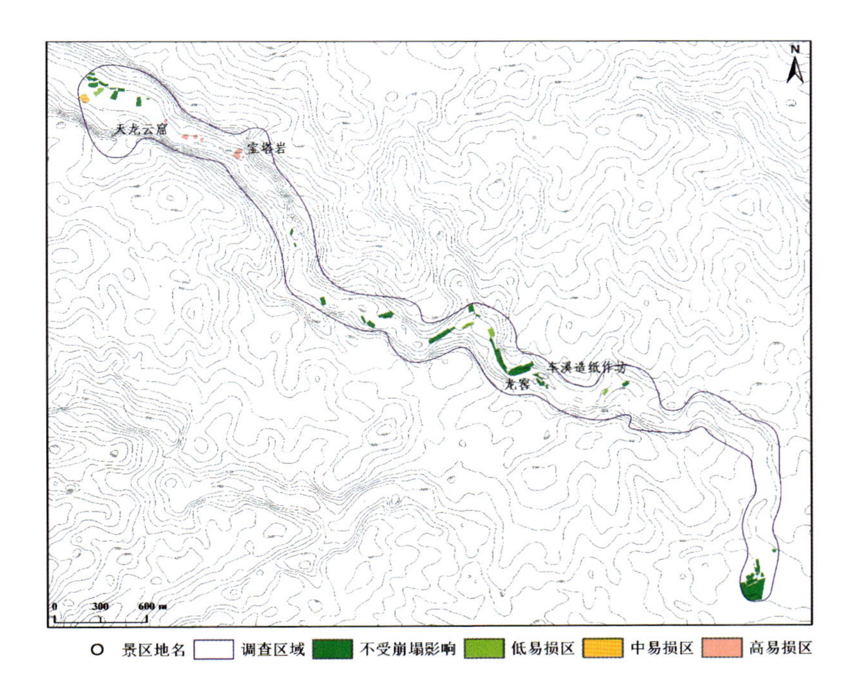

图 4-8　建筑物易损性评价结果

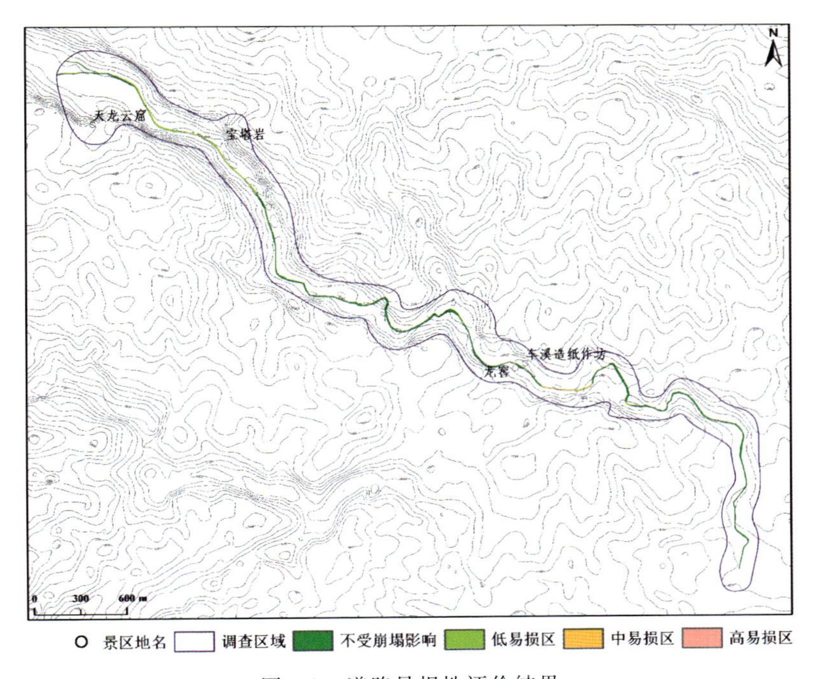

图 4-9　道路易损性评价结果

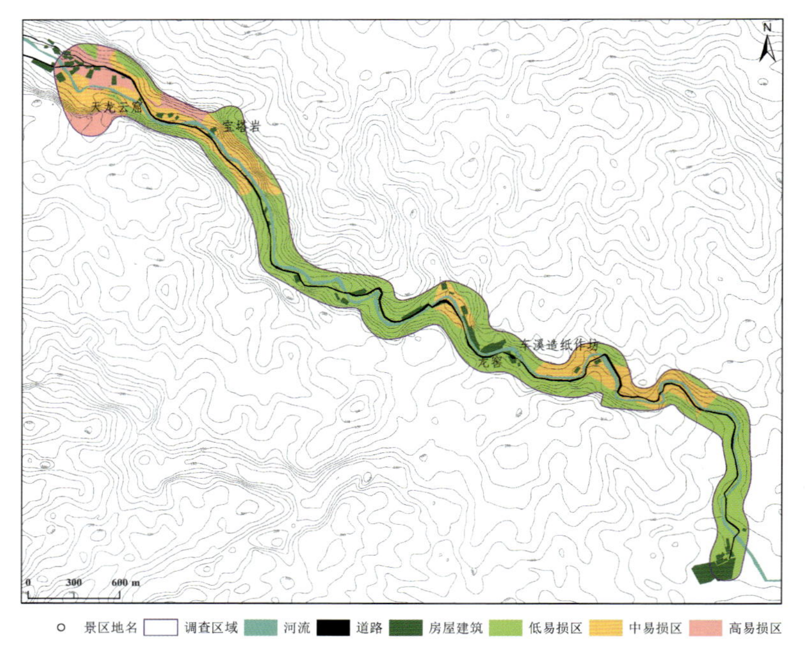

图 4-10　车溪民俗文化旅游区综合易损性分区图

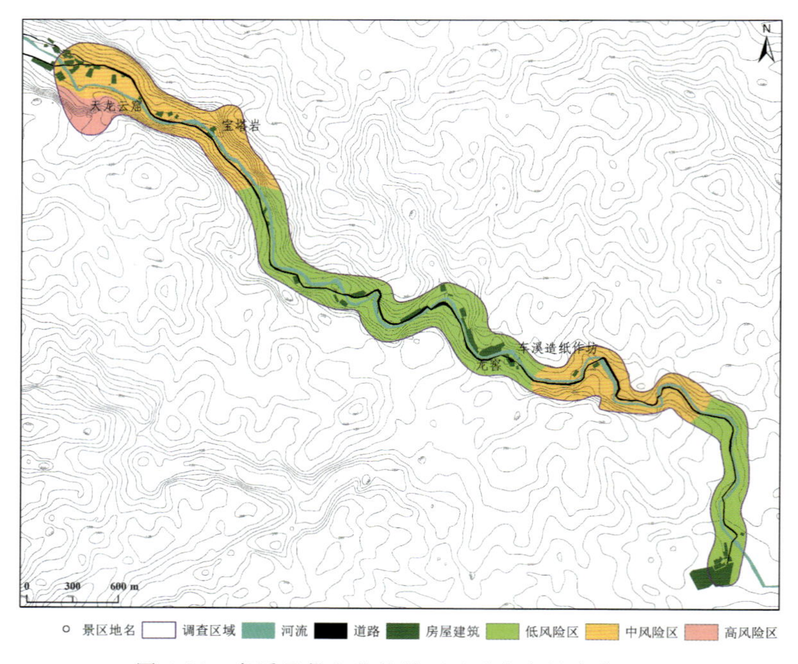

图 4-11　车溪民俗文化旅游区地质灾害风险分区图

高风险区位于天龙云窟（图 4-12），地形坡度 75°～85°，出露下奥陶统南津关组—牯牛潭组（$O_1g\text{-}n$）中厚层状硅质白云岩、钙质白云岩、白云质灰岩，岩体表面强—中等风化，岩性硬脆。高风险区岩体节理裂隙发育，岩体破碎，剥落掉块时有发生，岩体欠稳定，景点下方游客较多，严重威胁游客及景区建筑物，评价结果与现场调查情况相符。

中风险区主要位于泡桐树湾段、娘娘泉段（图 4-13），地形坡度 65°～80°，出露下奥陶统南津关组—牯牛潭组（$O_1g\text{-}n$）中厚层状灰岩，岩层产状 180°∠12°，强—中等风化，岩性硬脆，岩体节理发育，表面破碎，坡体与岩层组合为顺向坡结构。主要发育 2 组裂隙：LX1 产状 310°∠70°，LX2 产状 190°∠82°。中风险区岩体较破碎，处于欠稳定状态，主要威胁景区公路及过往游客，评价结果与现场调查情况相符。

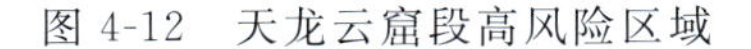

图 4-12　天龙云窟段高风险区域

图 4-13　泡桐树湾段中风险区域

二、其他景区地质灾害风险评价结果

通过对宜昌市 37 处 AAA 级以上风景区进行风险评价结果分析，目前宜昌市旅游景区受地质灾害威胁情况不严重，基本处于地质灾害低风险区，低风险区占宜昌市旅游景区总面积的 91%，对游客安全基本无威胁；中风险区面积占比约

7%;极个别景区(三峡富裕山景区、车溪民俗文化旅游区)存在高风险区,高风险区面积占比约2%。景区内地质灾害发育规模一般较小,以小型崩塌落石为主,一般规模为10～300m^3。旅游景区地质灾害点风险管控较为容易,可通过针对性措施降低甚至消除地质灾害对游客的威胁,完全可以保障游客游览安全,各景区风险分区见附表2。

结合地质灾害风险评价结果,分别对宜昌市存在中高风险区的旅游景区进行概述,介绍旅游景区中高风险区域的基本情况、地质灾害隐患点发育特征,为旅游景区地质灾害风险管控提供科学参考。

1. 三峡富裕山景区

三峡富裕山景区高风险区位于新修游步道处(图4-14),面积约8224m^2。坡脚为新修游步道,坡面陡崖处裸露,其他地段为林地,残坡积层覆盖厚度0.2～0.5m,下部为林地、312省道及居民住宅。高风险区坡脚高程354m,坡顶高程377m,相对高差23m,地形坡度70～85°,局部呈岩屋状负地形。高风险区出露地层岩性主要为下震旦统陡山沱组(Z_1d)中厚层状白云岩,地层产状110°∠12°,中等—弱风化,岩性硬脆,主要发育两组裂隙:LX1产状350°∠79°,LX2产状85°∠71°,裂隙张开,坡面与岩层组合为斜顺向坡。高风险区发育地质灾害点BT-01,长约250m,高约23m,地形坡度约80°,坡向20°转70°,体积8620m^3。岩体受裂隙切割,在降雨、风化、卸荷、根劈作用下易发生崩塌,坡面浮石、危石崩落,威胁下方景区游客、居民生命财产安全。

三峡富裕山景区中风险区位于景区道路边,面积约4562m^2。中风险区地形坡度75°～85°,出露地层岩性主要为下震旦统陡山沱组(Z_1d)中厚层状白云岩,地层产状135°∠10°,中等—弱风化,岩性硬脆,主要发育两组裂隙:LX1产状5°∠79°,LX2产状282°∠73°,裂隙张开,坡面与岩层组合为斜逆向坡。高风险区主要发育地质灾害点BT-01(图4-15)、中风险区主要发育地质灾害点如BT-02(图4-16)。其中BT-02长约300m,高约15m,坡向40°转200°,地形坡度约82°,体积2250m^3;BT-03长约350m,高约15m,坡向310°～360°,地形坡度约85°,体积2600m^3。在降雨作用下易发生崩塌,坡面浮石、危石崩落,主要威胁下方景区游客及景区过往车辆的安全。

图 4-14　三峡富裕山地景区地质灾害风险评价图

图 4-15　三峡富裕山景区高风险区 BT-01 地质灾害隐患点

图 4-16　三峡富裕山景区中风险区 BT-02 地质灾害隐患点

2. 三峡人家风景区

三峡人家风景区中风险区位于景区入口龙津溪内七叠桥景点附近(图 4-17)，面积约 0.19km²。中风险区坡向 35°，地形坡度 85°，出露地层为上震旦统灯影组(Z_2dy)，岩性为灰色厚层—块状白云岩，岩层产状 96°∠5°，强—中等风化，岩性硬脆。岩体主要发育 2 组裂隙：LX1 长约 0.4m，产状为 15°∠50°，呈闭合状：LX2 裂隙长 0.3m，产状 175°∠22°，呈闭合状。中风险区内发育地质灾害点 BT－06(图 4-18)，高程在 75～100m 之间，坡长 45m，坡高 25m，体积约 500m³，地形坡度 85°，主崩方向 35°。坡面都为裸露岩层，呈凸出状(“岩屋状”)，发育许多小裂隙以及松动石块，易发生剥落掉块。根据现场调查，岩层与坡向斜交缓倾顺向，现处于基本稳定状态，两组裂隙的结构面的组合交棱线的倾向与坡向一致且倾角较大，裂隙较短，密度大，可能发生坡面剥落掉块。

3. 清江画廊旅游度假区

清江画廊旅游度假区中风险区位于景区入口鼓乐堂东侧及 B 号旅游路线点将台景点(图 4-19)。其中景区入口鼓乐堂东侧中风险区域地形坡度 60°～80°，岩层产状 175°∠38°，岩性为奥陶系南津关组(O_1n)较坚硬中厚层块状白云质灰

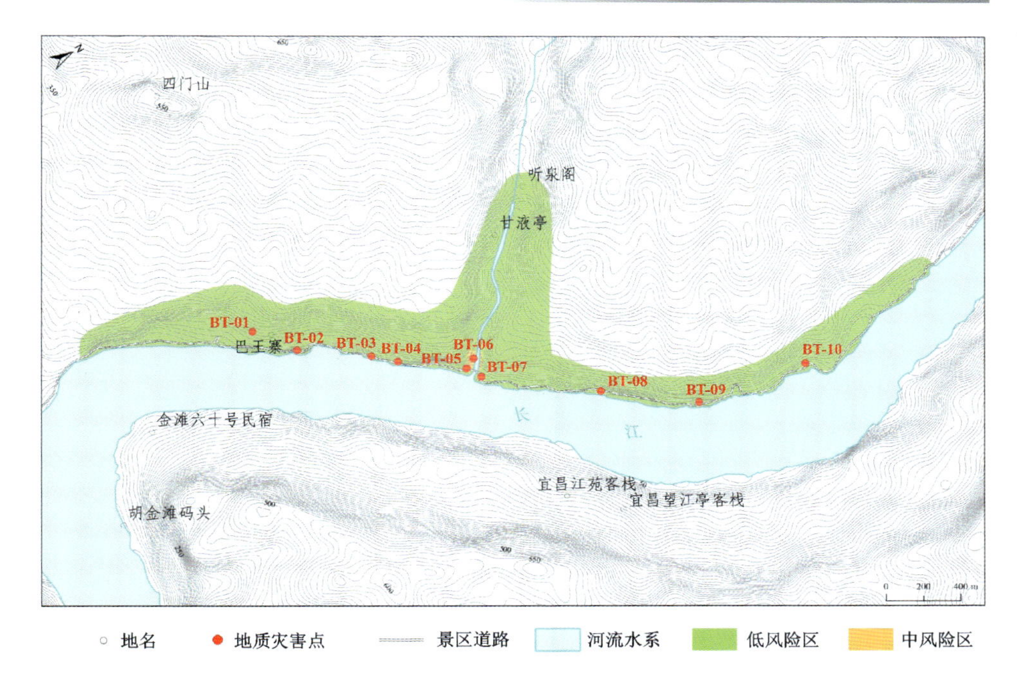

图 4-17　三峡人家风景区地质灾害风险评价图

图 4-18　三峡人家风景区中风险区 BT-06 地质灾害隐患点

岩，微一中等风化，岩性硬脆，岩体裂隙发育，坡面岩体较为破碎，坡面与岩层组合为斜交顺向坡。该风险区主要发育地质灾害点 BT-01(图 4-20)，分布高程 190～210m，高约 20m，宽约 5m，厚约 2m，体积约 200m^3。崩塌类型为滑移式，主崩方向 220°，危岩两侧受上下贯通裂隙切割，裂缝产状为 280°∠55°～85°，目前为闭合状态，主要威胁下方景区游客安全。

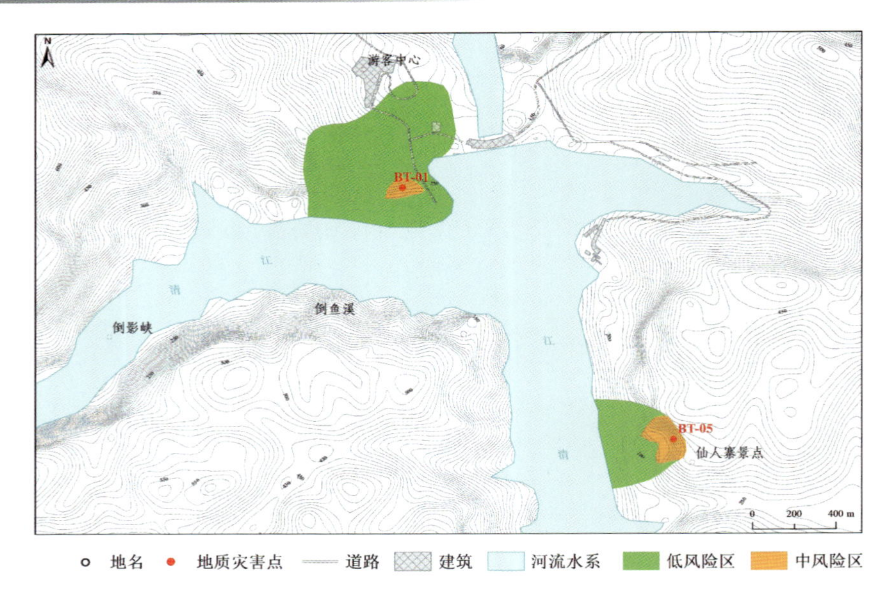

图 4-19　清江画廊旅游度假区地质灾害风险评价图

图 4-20　清江画廊旅游度假区中风险区 BT-01 地质灾害隐患点

点将台景点中风险区面积约 12 150m²，地形坡度 65°～75°，岩层产状 147°∠39°，岩性为上寒武统娄山关组中厚层状灰岩，微—中等风化，岩性硬脆，岩体裂隙发育，坡面岩体较为破碎，坡面与岩层组合为逆向坡。发育地质灾害点 BT-05（图 4-21），分布高程 230～260m，高约 30m，宽 5m，厚 2m，体积约 300m³。危岩底部呈深 1.0～1.5m，高 1.0～2.0m 的凹腔状。危岩两侧受上下贯通裂隙切割，裂缝产状为 323°∠75°，目前为闭合状态，垂直延伸长 15m。该灾害点崩塌类型为坠落式，主要威胁下方景区游客安全。

图 4-21　点将台景点中风险区 BT-05 地质灾害隐患点

4. 柴埠溪大峡谷风景区

柴埠溪大峡谷风景区大湾口景区索道上站-圣水观音以及大湾口景区古藤桥-墨池地灾隐患点较为密集（图 4-22），对游客威胁较大，治理难度较高，为中风险区。中风险区面积约 0.48km²，地质灾害点规模较小，一般为 10～100m³。中风险区属峡谷地貌，地形坡度 85°，垂直高差 20m。岩性为上寒武统三游洞组（$\in_3 sy$）浅灰色中—厚层状灰岩，岩层产状 128°∠6°，风化程度中等，岩性坚硬，岩体裂隙发育。危岩分布区顶部为天然林地，无残坡积覆盖。中风险区表面发育裂隙，裂隙产状 342°∠78°。裂隙目前呈闭合状态，切割岩层呈块状，裂缝上宽下窄，易发生坠落，坡底可见剥落下来的石块（图 4-23）。主要威胁景区游客及工作人员的安全。

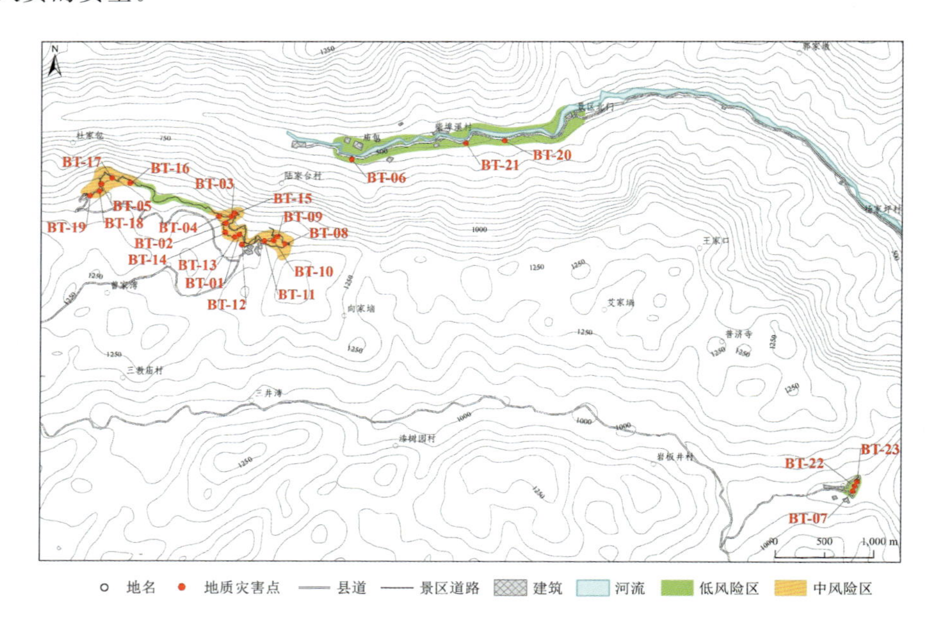

图 4-22　柴埠溪大峡谷风景区地质灾害风险评价图

图 4-23　圣水观音附近地质灾害隐患点

5. 九畹溪风景区

九畹溪风景区游客中心 3.8～4.8km 之间的道路为中风险区域(图 4-24),面积 1.21km²,地形坡度 85°～90°,上部缓坡为植物茂密的森林,下部为陡直的峭壁。中风险区出露基岩为寒武系石龙洞组($\in_1 sl$),岩性为灰色薄—中层状泥质条带灰岩,岩层产状 250°∠27°,强—中等风化,岩性硬脆。岩体主要发育两组裂隙:LX1 产状 115°∠55°,间距 0.3m,裂隙目前呈闭合状态;LX2 产状 195°∠20°,间距 0.4m,裂隙目前呈闭合状态。中风险区主要发育地质灾害隐患点 BT-01、BT-02、BT-03、BT-04。灾害点发育高程 200～230m,地形坡度约 85°,规模较小,体积一般 100～500m³。地质灾害隐患点坡面岩体破碎,风化严重,植被茂盛(图 4-25),在降雨、风化、裂隙水及根劈作用下易发生剥落掉块,主要威胁下方道路及行人、车辆的安全。

图 4-24　九畹溪风景区地质灾害风险评价图

6. 三游洞景区

三游洞景区中风险区域位于景区入口及张飞擂鼓台北侧的游客休息平台处(图 4-26),面积 8749m²。中风险区地形坡度 85°,部分地段呈岩屋状,垂直高差 30～50m,岩层产状为 131°∠11°。岩性为寒武系娄山关组($\in_2 l$),厚—巨厚层状微晶白云岩,中—弱等风化,硬脆。岩体裂隙发育,坡面岩体较为破碎。坡面与岩层组合为斜交反向坡,岩体主要受顺层裂隙和垂向裂隙的切割,裂隙产状为

图 4-25　九畹溪风景区中风险区 BT-01 地质灾害隐患点

28°∠70°和 105°∠15°。中风险区主要发育地质灾害隐患点 BT-01、BT-02、BT-03、BT-04，分布高程 100～130m，地形坡度约 85°，规模较小，一般体积 10～500m³。崩塌点裂隙部分张开，可见延伸长度 0.5～5m，受裂隙的切割，岩体较破碎（图 4-27）。主要威胁过往游客和行人的生命安全。

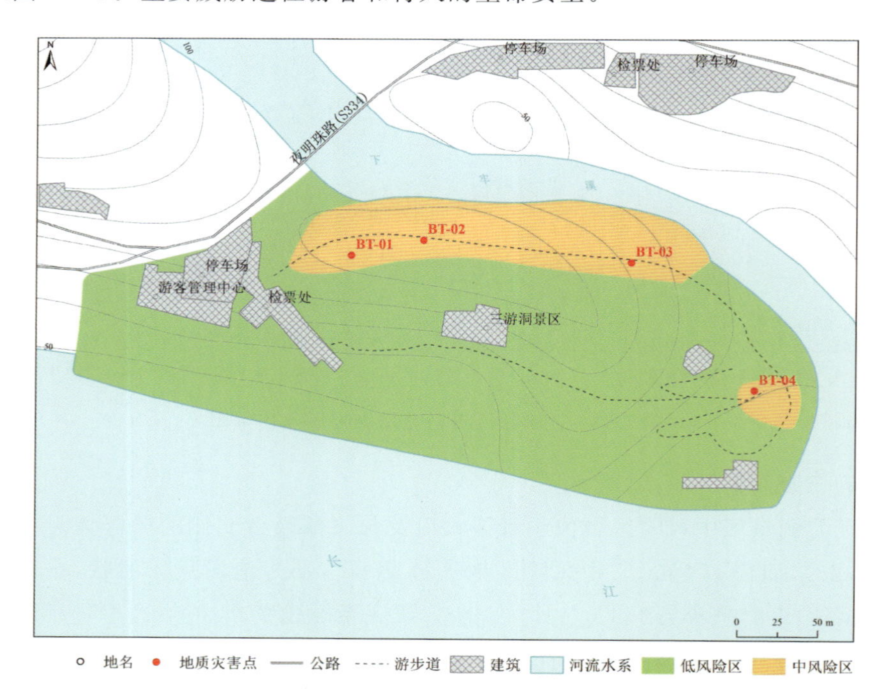

图 4-26　三游洞景区地质灾害风险评价图

图 4-27　三游洞景区中风险区地质灾害隐患点

7. 三峡大瀑布旅游区

三峡大瀑布旅游区中风险区域主要位于藏经洞至水袈裟大佛沿线(图 4-28)，面积约 0.54km²。中风险区地形坡度 60°～90°，局部形成凹腔。出露地层岩性主要为下寒武统石龙洞组($\in_1 sl$)灰岩，地层产状 134°∠6°，中等—弱风化，岩性硬脆，岩体裂隙较发育，坡面岩体较为破碎。主要发育 2 组裂隙：LX1 产状 280°∠72°和 LX2 产状 305°∠78°，裂隙微张。坡面与岩层组合为斜逆向坡。主要发育地质灾害隐患点 BT-01、BT-03、BT-04、BT-05、BT-06，高程 360～400m，地形坡度约 80°，规模较小，一般体积 50～1200m³。崩塌落石点受裂隙切割，在降雨、风化、卸荷、根劈作用下易发生崩塌，坡面浮石、危石崩落(图 4-29)。主要威胁下方景区游客生命财产安全。

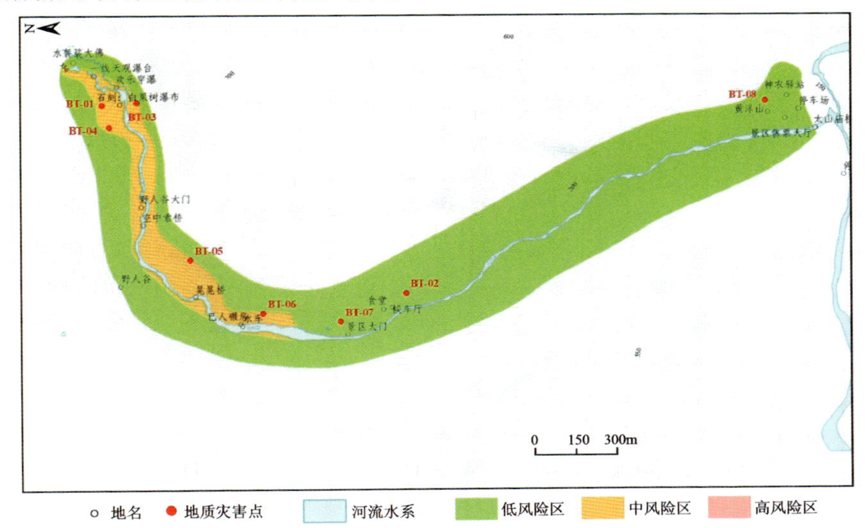

图 4-28　三峡大瀑布旅游区地质灾害风险评价图

图 4-29　三峡大瀑布旅游区中风险区地质灾害隐患点

8. 三峡竹海生态风景区

三峡竹海生态风景区中风险区域主要分布在游客中心西段(图 4-30)，面积约 0.49km^2。风险区地形坡度 70°～90°，局部呈岩屋状，出露地层为奥陶系南津关组(O_1n)，岩性主要为深灰色厚层—块状白云质灰岩，岩层产状 190°∠11°，强—中等风化，岩性硬脆。岩体发育 2 组裂隙：LX1 长产状为 0°∠75°，呈闭合状；LX2 产状 200°∠71°，呈闭合状。中风险区主要发育地质灾害隐患点 BT-01、BT-02、BT-03、BT-04、BT-05、BT-06、BT-07，分布高程 400～450m，地形坡度约 85°，规模较小，一般体积 400～1500m^3。崩塌落石点在降雨、风化、卸荷作用下，易发生剥落掉块，主要威胁下方游客及游步道安全(图 4-31)。

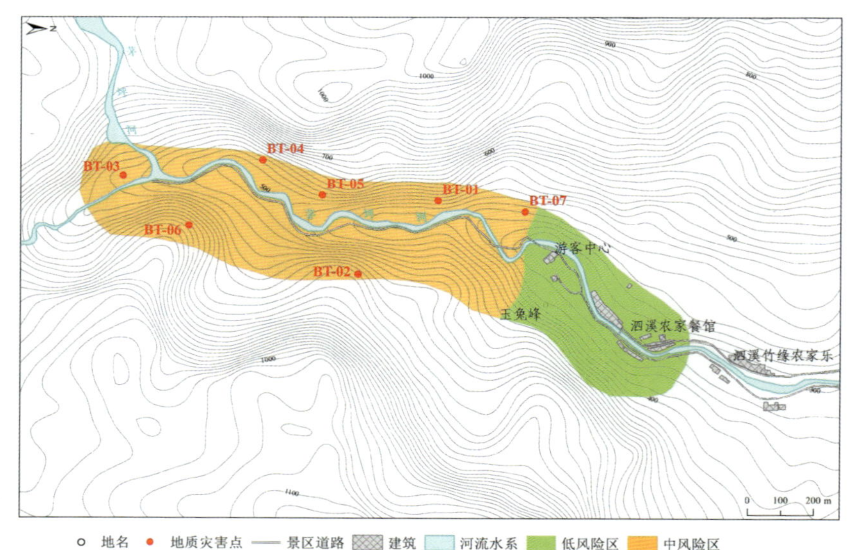

图 4-30　三峡竹海生态风景区地质灾害风险评价图

图 4-31　三峡竹海生态风景区中风险区地质灾害隐患点

9. 高岚朝天吼漂流景区

高岚朝天吼漂流景区地质灾害隐患点 BT-01、BT-03、BT-06、BT-10 的影响范围为中风险区(图 4-32),面积 8750m^2,规模较小,一般体积 10～100m^3。中风险区地形坡度 50°～90°,地层主要为第四系崩塌堆积物以及灯影组(Z_2dy)。此处岩体钙质胶结,岩溶现象发育,斜坡植被浓密,堆积比较松散,坡面碎石比较多,危岩底部为负地形,并且形成一定规模的凹腔,岩体裂隙发育,根劈作用强烈(图 4-33)。中风险区斜坡体表面堆积物松散,随着水土剥蚀,凹腔不断增大,特别在降雨、风化、温度、根劈等作用影响下,易形成崩塌落石,威胁游步道及游客行人安全。

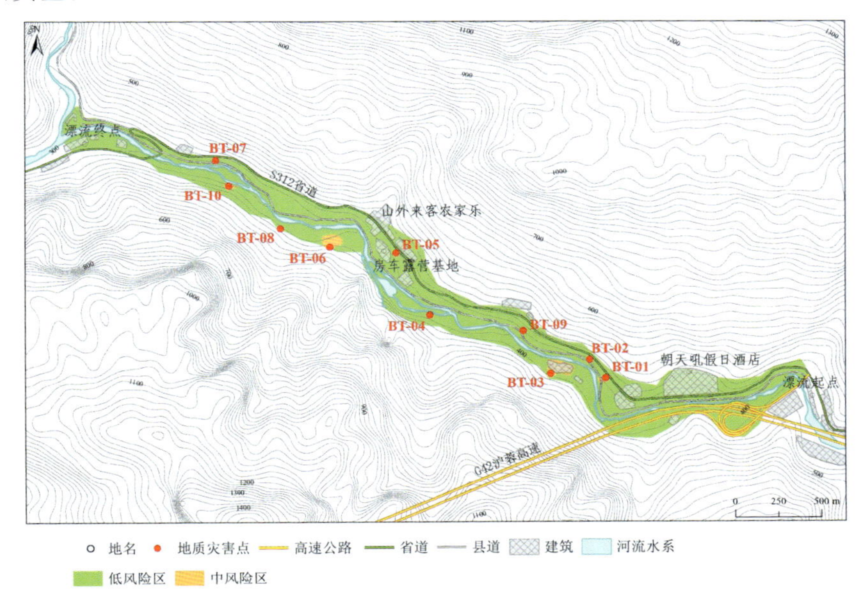

图 4-32　高岚朝天吼漂流景区地质灾害风险评价图

图 4-33　高岚朝天吼漂流景区中风险区地质灾害隐患点

10. 鸣凤山风景区

鸣凤山风景区文昌祠以南 90m，游步道上行左侧为中风险区（图 4-34），面积约 15 423m^2。中风险区属丘陵地貌，地形坡度 80°～90°，部分地段呈岩屋状，垂直高差 30～35m。岩性为上白垩统红花套组（K_2h）巨层状砂岩，岩层产状 300°∠15°，强—中等风化，岩性硬脆。岩体裂隙发育，坡面岩体较为破碎，坡面与岩层组合为斜交顺向坡。中风险区顶部为天然林地，残坡积覆盖层厚 0.2～0.5m。主要发育 BT-04、BT-05 崩塌落石地质灾害隐患点，规模较小，体积 100～500m^3。崩塌落石受裂隙切割形成危岩体，岩体两侧裂隙自上而下基本贯通（图 4-35），裂缝产状分别为 270°∠80°、210°∠70°，主要影响下方景区主道路，威胁过往游客及行人的生命安全。

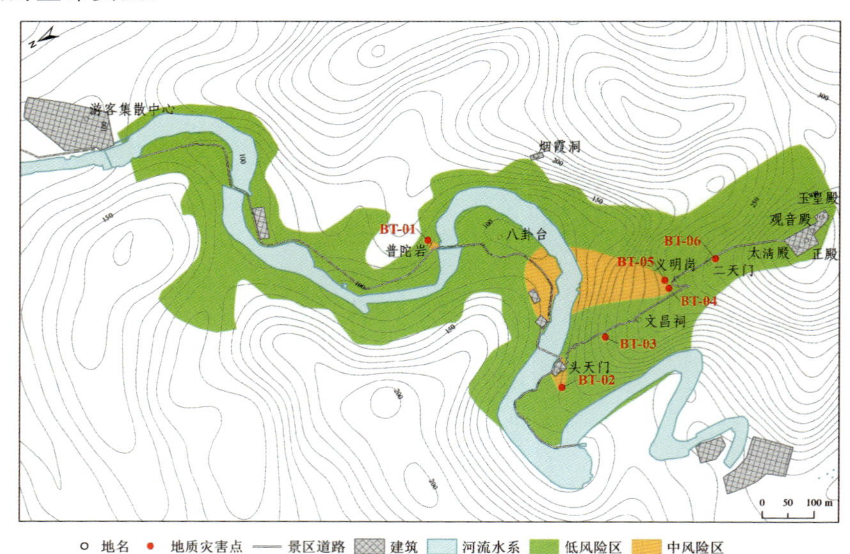

图 4-34　鸣凤山风景区地质灾害风险评价图

图 4-35　鸣凤山风景区中风险区地质灾害隐患点

11. 天门峡景区

天门峡景区栈道沿线划分为中风险区(图 4-36)。中风险区地形坡度约 80°，面积约 0.74km²。岩性为下寒武统石龙洞组($\in_1 sl$)中厚层状灰岩，岩层产状 332°∠23°，强—中等风化，岩性硬脆，主要发育崩塌落石等地质灾害，规模较小，一般体积 10～50m³。崩塌落石分布高程 1024～1028m，相对高差 4m。灾害点岩体节理裂隙发育，坡面较为破碎，坡体与岩层组合为逆向坡结构(图 4-37)。

图 4-36　天门峡景区地质灾害风险评价图

图 4-37 天门峡景区中风险区地质灾害隐患点

岩体被裂隙切割成块状，主要变形破坏模式为崩塌掉块，主要威胁对象为景区游步道以及过往游客。

12. 百里荒高山草原旅游景区

百里荒高山草原旅游景区中风险区主要位于新修栈道区（图4-38），面积为9651m²。中风险区坡顶为林地，残坡积层覆盖厚度0.2～0.5m，坡脚为新修栈道。斜坡坡脚高程1190m，坡顶高程1215m，相对高差25m，地形坡度60°～75°。中风险区出露地层岩性主要为下二叠统栖霞组（P_1q）中厚层状白云质灰岩，地层产状90°∠8°，中等—弱风化，岩性硬脆。主要发育2组裂隙：LX1产状110°∠68°，LX2产状83°∠60°，裂隙微张。主要发育BT-01、BT-02崩塌落石地质灾害隐患点，规模较小，一般体积50～400m³，崩塌灾害隐患点坡面与岩层组合为斜向坡（图4-39）。受裂隙切割，在降雨、风化、卸荷、根劈作用下易发生崩塌，坡面浮石、危石崩落，主要威胁下方景区游客生命财产安全及景区栈道等设施。

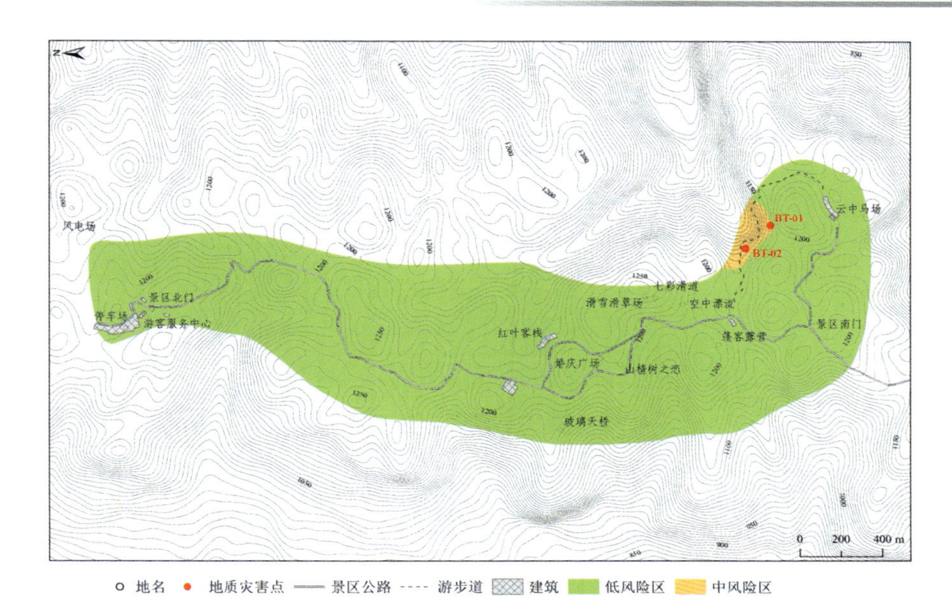

图 4-38 百里荒高山草原旅游景区地质灾害风险评价图

图 4-39 百里荒高山草原旅游景区新修栈道附近地质灾害隐患点

13. 清江方山景区

清江方山景区中风险区位于阴阳极景点西侧及吊脚楼景点(图 4-40),面积约 0.11km^2。中风险区地形坡度 70°～80°,垂直高差 8～12m,中风险区岩层产状 27°∠23°。岩性为上震旦统灯影组(Z_2dy)白云质灰岩,主要为中等风化,部分岩体呈强风化状态,岩性硬脆。岩体节理裂隙发育,坡面岩体较为破碎,坡面与岩层组合为斜交顺向坡。主要发育 BT-02、BT-03 崩塌落石地质灾害隐患点,规模较小,体积 500～1000m^3。崩塌点分布高程 620～626m,相对高差 3.0～6.0m,为倾倒式崩塌。危岩分布区部分被植被覆盖(图 4-41)。危岩两侧受上下贯通裂隙切割，裂缝产状为77°∠65°，危岩体后壁追踪卸荷裂隙形成破裂面，裂缝产状为247°～257°∠58°～78°。

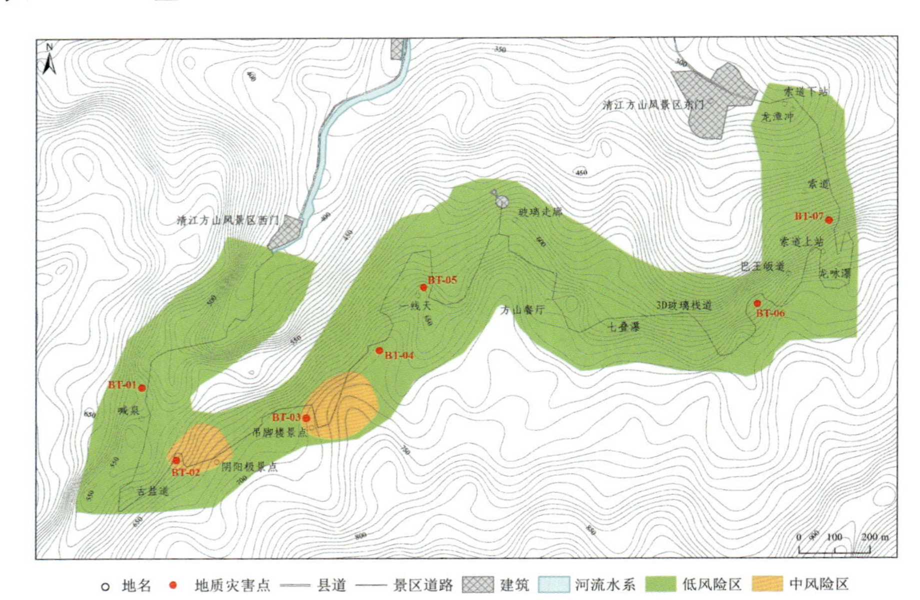

图4-40　清江方山景区地质灾害风险评价图

图4-41　清江方山景区中风险区地质灾害隐患点

14. 古潮音洞度假山寨

古潮音洞度假山寨中风险区位于观瀑台景点(图 4-42),面积约 12 540m²。中风险区地形坡度约 70°,岩层产状为 342°∠25°,岩性为上寒武统覃家庙组($\in_2q$)厚—巨厚层状微晶白云岩,中—弱等风化。岩石表面有溶蚀现象,岩性硬脆,岩体裂隙发育,坡面与岩层组合为斜交反向坡。中风险区主要发育崩塌落石地质灾害隐患点 BT-02、BT-03,规模较小,体积 10～50m³,分布高程为 134～139m,相对高差 5～15m。危岩分布区多基岩裸露,植被以灌木为主,在坡体上部分布有少量的泥和碎石,厚度小于 15cm(图 4-43)。危岩的后缘发育有上下贯通的裂隙,该条裂隙最宽处达到 5cm,裂隙产状为 126°∠70°,主要威胁下方游步道的通行,以及过往游客的生命安全。

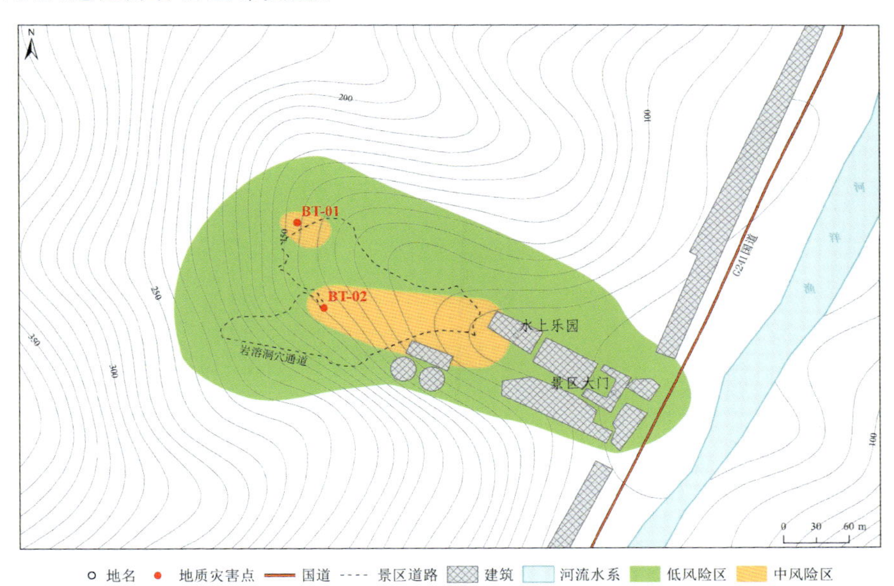

图 4-42　古潮音洞度假山寨地质灾害风险评价图

图 4-43　古潮音洞度假山寨中风险区 BT-02 地质灾害隐患点

15. 鸣翠谷景区

鸣翠谷景区中风险区主要位于景区大门西 300m 处，面积约 15 214m²（图 4-44）。中风险区地形坡度约 85°，部分岩块悬空，垂直高差 8～15m，岩层产状为 152°∠15°。岩性为下奥陶统南津关组深灰色厚层微晶灰岩，中一弱等风化，岩性硬脆。岩体裂隙发育，坡面存在分散分布的危岩体，坡面与岩层组合为斜交反向坡。主要发育 BT-01、BT-02、BT-03、BT-04、BT-05 崩塌落石地质灾害隐患点，规模较小，一般体积 10～100m³，分布高程为 117～124m，相对高差 8～15m，顶部为天然林地。岩层主要受垂向裂隙切割，裂隙产状为 65°∠75°、348°∠80°，目前裂隙多闭合，可见延伸长度 1～3m。危岩落石主要威胁下部游客平台、过往行人的安全（图 4-45）。

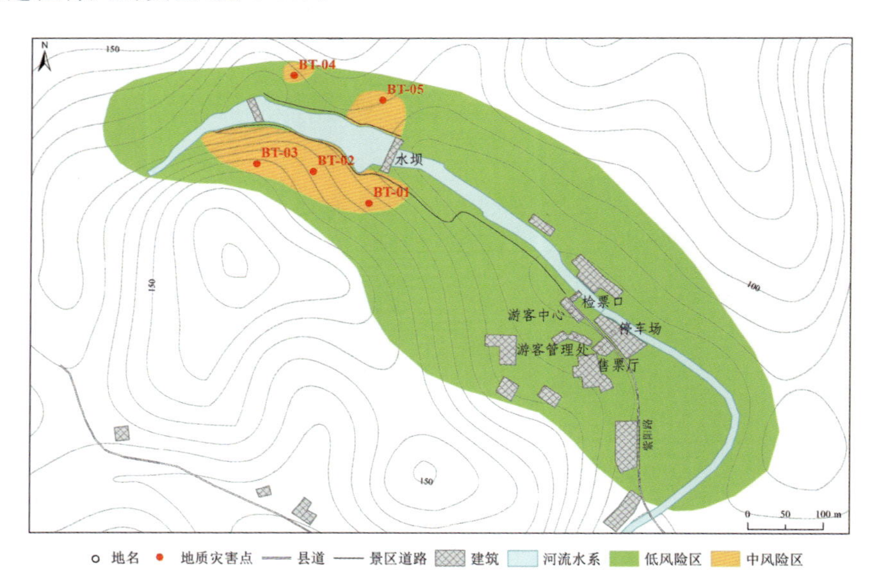

图 4-44　鸣翠谷景区地质灾害风险评价图

图 4-45　鸣翠谷景区中风险区地质灾害隐患点

16. 主天柱山景区

主天柱山景区中风险区位于天柱山景区朝天楼下方(图 4-46),面积约 5214m²。中风险区地形坡度 75°～85°,垂直高差 10～15m,岩层产状 156°∠12°,岩性为下寒武统中厚层状白云岩,主要为中等风化,部分岩体呈强风化状态,岩性硬脆。岩体节理裂隙发育,部分坡面岩体较为破碎,坡面与岩层组合为斜交逆向坡。主要发育 BT-02 崩塌地质灾害隐患点(图 4-47),分布高程 1380～1390m,相对高差 1～10m,为倾倒式崩塌。中风险区部分被植被覆盖。整个危岩体后壁因追踪卸荷裂隙而形成破裂面,裂缝产状为 359°∠86°,目前为张开—大豁口状态,垂直延伸长 2～10m。该危岩立面形态呈倒三角形,主体高约 10m,宽 6m,厚约 3m,体积约 180m³。危岩落石主要威胁过往游客的生命安全。

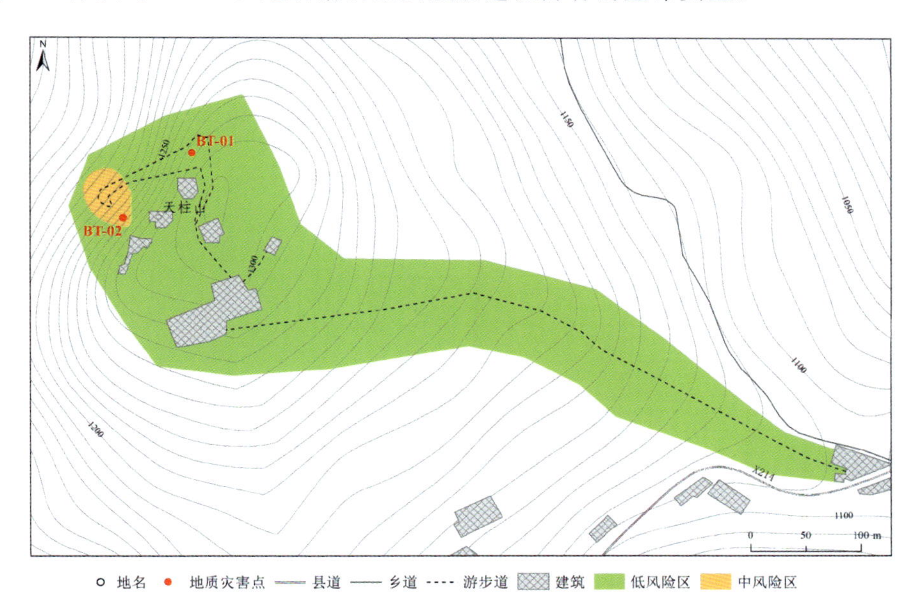

图 4-46　天柱山景区地质灾害风险评价图

17. 青龙峡漂流景区

青龙峡漂流景区中风险区主要分布在景区入口附近(图 4-48),面积约 1.2km²。中风险区地形坡度 80°,部分地段呈岩屋状,垂直高差 30～150m,坡宽 20～30m,岩层产状 153°∠12°,岩性为寒武系娄山关组巨厚层状白云岩夹泥质白云岩,强—中等风化,硬脆。岩体裂隙发育,坡面岩体较为破碎,坡面与岩层组合为斜交顺向坡。中风险区主要发育 BT-01、BT-02、BT-03、BT-04 崩塌落石地质

图 4-47　天柱山景区中风险区 BT-02 地质灾害隐患点

灾害隐患点，规模较小，一般体积 10～100m³，分布高程 280～310m，顶部为天然林地，残坡积覆盖层厚 0.2～0.5m。主要发育两组裂隙：LX1 产状为 86°∠70°，裂隙闭合；LX2 产状为 30°∠78°，裂隙闭合（图 4-49）。危岩落石主要威胁下部的漂流通道、过往行人的安全。

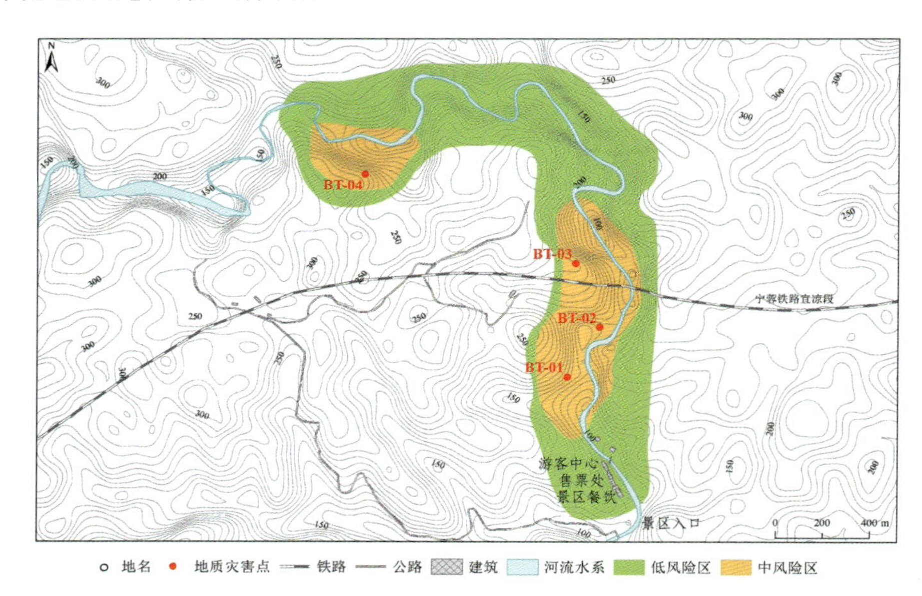

图 4-48　青龙峡漂流景区地质灾害风险评价图

图 4-49　青龙峡漂流景区中风险区地质灾害隐患点

18. 三峡奇潭景区

三峡奇潭景区中风险区位于玻璃滑水道起点前 180m 至终点后 375m 沿线(图 4-50),面积约 9652m²。中风险区坡顶为林地,残坡积层覆盖厚度 0.2～0.5m,坡脚为景区游步道。斜坡坡脚高程 403m,坡顶高程 416m,相对高差 13m,地形坡度 65°～85°,局部形成凹腔。中风险区出露地层岩性主要为下寒武统石龙洞组($\in_1 sl$)白云岩,地层产状 122°∠18°,中等—弱风化,岩性硬脆。岩体裂隙较发育,坡面岩体较为破碎。主要发育 2 组裂隙:LX1 产状 237°∠69°,LX2 产状 315°∠78°,裂隙微张。坡面与岩层组合为斜逆向坡。主要发育崩塌地质灾害隐患点 BT-04 至 BT-09,规模较小,一般体积 50～200m³。崩塌点岩体受裂隙切割,

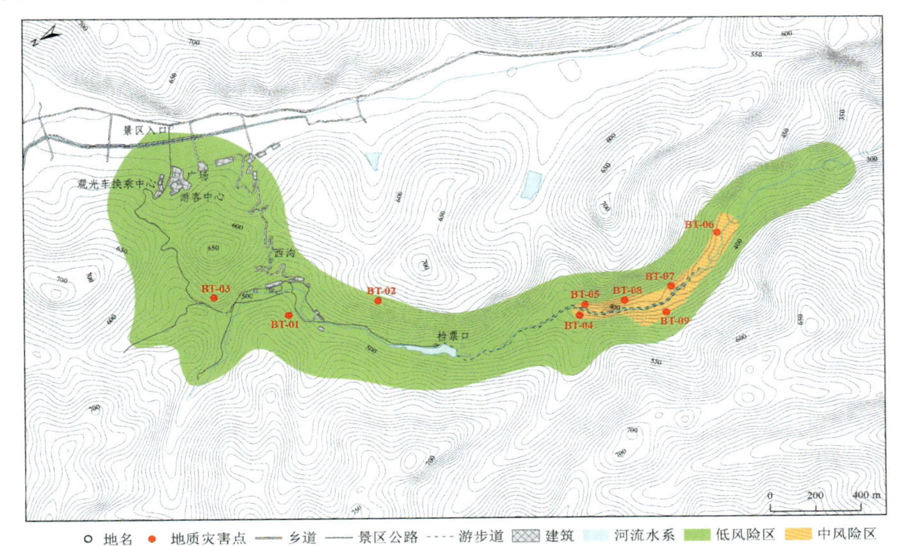

图 4-50　三峡奇潭景区地质灾害风险评价图

在降雨、风化、卸荷、根劈作用下易发生崩塌,坡面浮石、危石崩落(图 4-51),主要威胁下方景区游客生命财产安全。

图 4-51 三峡奇潭景区中风险区地质灾害隐患点

19. 长生洞景区

长生洞景区较小,地质灾害隐患点集中且密集,对游客威胁性较大,所以整个景区可划为中风险区(图 4-52),面积约 0.11km²。中风险区地形坡度 85°~90°,垂直高差约 80m。岩性为下奥陶统南津关组—牯牛潭组(O_1n-g)中厚层状灰岩,岩层产状 321°∠27°,强—中等风化,硬脆。岩体裂隙发育,坡面岩体较为破碎。长生洞洞口上方分布多处危岩体,分布高程一般为 755~765m,规模较小,

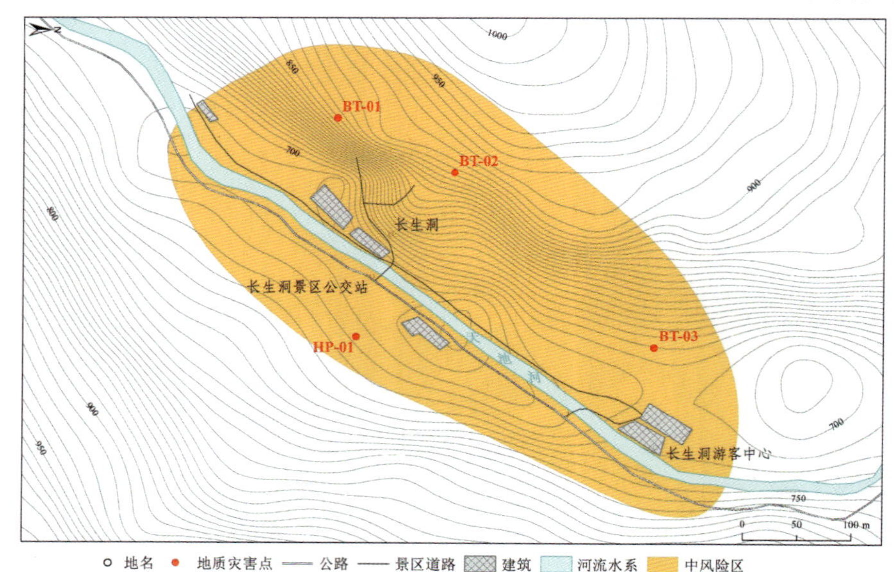

图 4-52 长生洞景区地质灾害风险评价图

一般体积 5～50m^3，相对高差 10～15m，主崩方向 115°。中风险区受裂隙切割形成多处危岩体，主要发育 2 组裂隙：LX1 产状 180°∠76°，裂面略弯曲，粗糙；LX2 产状 56°∠45°，裂面粗糙，目前呈闭合状态，可见延伸长 3～4m（图 4-53）。危岩落石主要威胁对象为景区步道及过往游客。

图 4-53　长生洞景区旅游栈道附近地质灾害隐患点

第五章　宜昌市旅游景区地质灾害风险管控

宜昌市旅游景区存在一定的地质灾害中、高风险区，旅游景区地质灾害造成游客伤亡事件时有发生，因此有必要进行地质灾害风险管控。本章将介绍宜昌市旅游景区地质灾害风险管控的现状及存在的问题，从政策制度、机构设置、宣传培训、工程治理、监测预警、应急预案及演练等方面总结宜昌市旅游景区风险管控方法，以期为后续工作的开展提供一定的参考。

第一节　地质灾害风险管控概述

一、地质灾害风险管控目标与思路

（一）管控目标

旅游景区地质灾害风险管控的目标是以人为本，最大限度地减轻或降低宜昌市旅游景区地质灾害的威胁，维护景区游客及工作人员的生命财产安全，并促进景区环境改善和可持续发展。

（二）管控思路

1. 把握一条主线和一个关系

一条主线是围绕着宜昌市旅游景区地质灾害风险，认识风险、评价风险、管理风险、消除风险，揭示地质灾害风险管理的问题。一个关系是指天、地、人的关系，地质灾害风险是地质灾害内因、外因与人类活动综合作用的结果。地质灾害风险的管控实际上也是对三者之间关系的管控。

2. 树立一个观念和两个基本观点

树立一个系统观念，即从整体和全局角度出发，抓住宜昌市旅游景区地质灾害风险管理研究的主要矛盾和矛盾的主要方面，科学揭示和阐明地质灾害风险管理的内在问题。地质灾害风险管理是一个系统工程，系统思想和观点贯穿于地质灾害风险与管理的全过程和过程研究的各个方面。坚持两个基本观点：一是从系统、动态观点去分析认识宜昌市旅游景区地质灾害风险过程；二是从联系、耦合观点分析和辨识地质灾害风险的形成机理和防治机制。

二、地质灾害风险管控现状及存在问题

（一）管控现状

宜昌市自然资源和规划局联合宜昌市文化和旅游局已经开展了一轮全市旅游景区地质灾害风险调查，初步查清了宜昌市37处AAA级以上旅游景区地质灾害隐患点数量，评价了景区地质灾害隐患点风险，将目前调查的185处地质灾害隐患点全部纳入管控体系，针对地质灾害隐患点提出了管控措施，制订了应急管控方案，有效减轻了景区地质灾害隐患点风险。三峡人家风景区、九凤谷风景区、柴埠溪大峡谷景区、车溪民俗文化旅游区、三峡大瀑布旅游区、高岚朝天吼漂流景区、三游洞景区等结合自身地质灾害特点，针对性采取了工程治理措施，进行地质灾害风险管控。宜昌市各景区风险管控具体措施见附表3。

三峡人家风景区在2014—2016年对小房子—龙津溪口、龙津溪右岸沿江道路危岩采用爆破清理、主动防护网、被动防护网、锚固、混凝土衬砌等措施进行工程治理，总投资费用约2000万元，治理工程基本达到设计效果，减轻了设计范围内地质灾害的威胁。车溪民俗文化旅游区在2015年6月对险情比较严重的两处隐患点（天龙云窟、梅林寺庙）进行了封闭，对部分隐患点（泡桐树湾、堰湾）进行了工程治理，2015年6月对景区内泡桐树湾、堰湾崩塌进行了专业设计，泡桐树湾崩塌治理方案为危岩清除，清除总方量30.90m^3，总投资1.7万元；堰湾崩塌治理方案为主动防护网防护，面积1750m^2，总投资53.78万元。九凤谷风景区在2019年上半年采取工程措施，对景区内部分崩塌落石地质灾害隐患点进行治理，治理工程措施主要为坡面危岩清理、主动防护网、被动防护网。

柴埠溪大峡谷风景区主要以局部小型崩塌落石为主，小型崩塌落石主要分布在景区游览路线附近。针对小型崩塌落石，柴埠溪大峡谷风景区采取针对性工程治理措施，在旅游步道上方安装防护棚，并对坡面浮石进行清理，有效减轻了落石对游客安全的威胁。高岚朝天吼漂流景区主要地质灾害发育类型为崩塌落石，规模等级均为小型。目前景区已对部分危岩进行了清除，部分崩塌正在进行治理或已完成施工图设计准备进行治理施工。

（二）存在的问题

（1）防治资金量大，景区积极性不高。山区地质灾害防治施工难度较大，所需的资金一般较大，对于一些资源不足的景区来说，投入产出性价比不高，因此景区对于地质灾害的防治投入积极性不高。

(2)精确调查难度大。山地景区由于植被茂密，山高坡陡，地形险峻，地质构造复杂，同时加上人类工程活动频繁，景区地质环境条件处于不断变化中，精确开展地质灾害调查难度较大，且对区域性的风险认识不足，又经常会导致灾害不断发生又不断治理的情况。

(3)管理重视程度不一。虽然近年来地方政府及管理部门对地质灾害的防治愈发重视，但是由于各旅游景区规划、发展、经济不平衡，进而导致景区对于地质灾害的管理重视程度亦不同。对于旅游资源较为充足，收入较高的景区，其对于地质灾害的投入、管理也更为重视；相反对于旅游资源、收入一般的景区，其对于地质灾害防治的投入、管理也相对较弱。

第二节　地质灾害风险管控方法

一、政策制度

地质灾害风险管控首先是要出台一系列政策法规，从制度层面进行地质灾害风险管控。在国家政府方面，出台了一系列地质灾害管控政策，国务院颁布《地质灾害防治条例》，明确指出要防治地质灾害，避免和减轻地质灾害造成的损失，维护人民生命和财产安全，促进经济和社会的可持续发展。湖北省也出台了一系列地质灾害应对政策，包括《湖北省地质灾害防治“十四五”规划》等，分析了湖北省地质灾害防治现状与形势，划分了省内地质灾害重点防治区，明确了地质灾害防治任务及保障措施，坚持地方政府在地质灾害防治工作中的主体责任，政府主导，强化管理。

宜昌市针对其特有的地质背景及经济发展情况，制订了相应的地质灾害风险管控政策，每年汛期制订年度防治方案，推进灾害隐患巡查排查全覆盖，严格落实汛前、汛中、汛后巡查排查三查制度，每年投入1000余人次、100余名专家对地质灾害隐患开展拉网式巡排查，对全市地质灾害隐患进行全面梳理，逐年更新灾害底数和动态变化情况，分类采取必要措施消除隐患。在全市自然资源系统实行政务、应急“365天+24小时”双值班制度，汛期各基层自然资源部门安排人员在岗值守，严格落实值班值守、信息报送等应急工作制度，确保突发地质灾害第一时间了解情况、第一时间撤离群众、第一时间开展应急处置，同时全市挑选3000余名群众在地质灾害隐患点开展一线监测，基本形成了省、市、县、乡四级监测体系，坚持专业监测与群测群防相结合。

宜昌市旅游景区也针对景区特点，专门制订了日常巡查、汛期排查等制度，景区编写了地质灾害防灾预案，加强旅游景区地质灾害隐患点的管理，景区主管部门和景区企业按照制度，落实地质灾害隐患点和易发地段监测预警责任人和监测人员（图 5-1），按要求配置监测预警器具，明确紧急疏散信号，设置地质灾害危险区警示标志和警戒线，禁止无关人员进入危险区；对已出现临灾征兆的隐患点，在没有进行有效治理前，要坚决落实避让、绕行、封闭、停业等措施。

图 5-1　专家野外巡查

二、机构设置

在制定政策的基础上，为更好进行地质灾害风险管控，宜昌市设置了专门机构。每年汛期，宜昌市成立地质灾害防治工作领导小组，健全自然资源与气象、水利、交通、旅游、教育、住建等部门协作联动机制，把任务与责任逐一细化分解，定期研究、部署、督办，对重大灾害进行临时或紧急会商，形成地质灾害防治工作合力。一方面，宜昌市自然资源局与宜昌市气象局合作，打通部门间数据孤岛，开展灾害隐患点和雨量站点数据实时共享，实现一个系统预警；另一方面，市级成立地质灾害防治专家库和地质灾害应急分队，重点县市（区）和技术单位签订合作协议，确保汛期和重要时间节点专家、技术员能驻守乡镇一线，为乡镇提供地质技术支撑，指导乡镇科学应对地质灾害（图 5-2）。

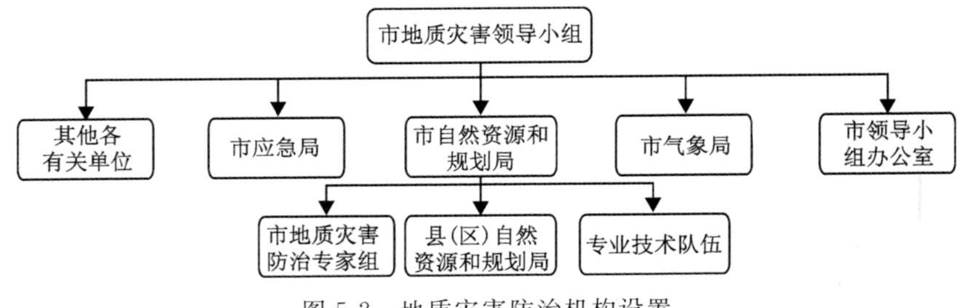

图 5-2　地质灾害防治机构设置

宜昌市旅游景区设置了景区安全巡查部门、应急救援部门，负责景区日常公共安全及地质安全巡查，一旦发现地质灾害隐患点，及时上报景区及地方主管部门，并按照景区要求采取相应措施。

三、宣传培训

自然资源主管部门协助各级旅游行政管理部门对辖区内从事旅游服务的企业单位和从业人员进行防灾知识培训，通过集中授课培训，发放防灾宣传挂图、影像资料，避灾演练等形式，提高从业人员的防灾意识，在游览时间、游览路线和游览景点的选择上，要特别注意避开容易发生地质灾害的暴雨期和存在地质灾害隐患的地段、地点，以避免地质灾害造成人员的伤亡和财产损失。各旅游景区利用自然资源部门提供的地质灾害预警预报信息，通过景区介绍、讲解、报纸、广播、电视、网站等向社会公众公告景区地质灾害隐患点和地质灾害易发区地质情况，提高广大群众的防灾意识。景区管理部门通过完善景区地质灾害警示内容和危险范围，让旅客进景区前及游览过程中及时了解掌握景区内存在安全隐患的位置和区域，提前做好避让等防范准备（图 5-3）。

四、工程治理

工程治理是地质灾害风险管控的主要手段，工程治理主要指通过工程手段削弱、限制、消除或加固灾害体，以降低灾害体活动程度或提高受灾体的抗灾能力为目的。对于崩塌灾害，可采用锚固、拦挡、清除等措施；对于滑坡灾害，可采用消方减载、挡土墙、抗滑桩、排水等措施。宜昌市旅游景区内地质灾害隐患点主要为崩塌落石，所以相应的工程治理措施主要为防护网拦挡、清理、格构护坡、锚杆加固、支撑加固、明硐等。以下列举几个典型的防护措施。

①三游洞景区在落石斜坡上设置主动防护网＋随机锚杆，将危岩通过防护网固定，防止落石滚落。②三峡九凤谷景区在游览栈道上方设置被动防护网，拦

图 5-3　地质灾害宣传培训

截斜坡滚落的危岩落石。在危岩较大区域，采用锚喷支护，用锚杆加固危岩，喷射混凝土防止岩石松动，形成喷锚支护体系。③三峡人家风景区在底部悬空危岩体下修建支撑墙，加固危岩体悬空部分，防止危岩体破坏。在游览栈道上方，修建明硐工程，防止落石威胁游客。在小型落石区域修建柔性棚洞，结构轻巧可靠、外形美观、采光性好。④三峡大瀑布旅游区将斜坡上松动块石清理，防止松动块石脱落砸伤游客。⑤昭君村古汉文化游览区在滑坡隐患点处修建格构护坡，并在格构中种植绿色植物，防止滑坡继续变形(图 5-4～图 5-11)。

图 5-4　三游洞景区斜坡主动防护网

图 5-5　三峡九凤谷景区被动防护网

图 5-6　三峡人家景区危岩体支撑墙加固

图 5-7　三峡大瀑布景区危岩清理

图 5-8　昭君村景区格构护坡

图 5-9　三峡人家景区柔性棚洞防护

图 5-10　九凤谷景区坡面锚喷支护

图 5-11　三峡人家景区明硐防护

五、监测预警

(一)常用地质灾害监测措施

地质灾害监测是基于遥感技术、地理信息系统、全球定位系统及地质灾害监测技术,针对一定范围内的灾害体,对其在时空域的变形破坏信息和灾变诱发因素信息实施的动态监测。常用崩塌、滑坡监测工程根据监测对象可分为位移监测、倾斜监测、应力监测、物理量监测等(表5-1)。

表5-1　崩塌、滑坡监测预警方法(常用)一览表

监测内容	监测方法	常用监测仪器
绝对位移监测	大地测量法、测距法等	全站仪、水准仪、测距仪等
	卫星定位法	GPS接收机
相对位移监测	人工法	日常目视巡查
	位移计法	位移计、伸缩计、测缝针
	简易监测法	游标卡尺、盒尺等
	深部位移监测	钻孔倾斜仪
地面倾斜	地面测斜法	地面倾斜仪、倾角加速度计(新式试用仪器)
岩土体应力	应力计法	应力计、压力盒
物理量测量	声发射监测法	声发射仪等
	水位计法	自动水位计、钻孔渗压计等
影响因素监测	雨量计法	自动雨量计
	水位计法	自动水位计、钻孔渗压计等

宜昌市旅游景区通常采用人工巡查和专业监测设备结合的监测手段,日常对景区内地质灾害隐患点进行目视巡查,观察地质灾害隐患点是否产生较大变形或破坏,同时辅助专业监测设备,进行长期自动化监测。柴埠溪大峡谷风景区设置地质隐患警示牌,采用人工巡查方式进行日常监测;昭君村景区采用地表位移GNSS专业监测手段,进行滑坡变形长期自动化专业监测(图5-12、图5-13)。

图 5-12　柴埠溪大峡谷风景区人工巡查点

图 5-13　景区专业监测设备

（二）气象预警

预警是通过对变形因素、相关因素及诱因因素信息的相关分析处理，对灾害体的稳定状态和变化趋势做出判断，以及分析灾害可能出现的时间、规模及危害范围（刘传正等，2004；徐俊等，2005）。宜昌市主要地质灾害与降雨有着直接关系，根据宜昌市"四位一体"网格地质灾害隐患点核查及数据更新成果报告，以及至 2019 年新增地质灾害数据统计，宜昌市现有地质灾害共计 3008 处，其中滑坡和崩塌占全市地质灾害总数的 80.2%，强降雨是导致灾害发生的必要条件。宜昌市多年平均降雨量区域性差异较大，且季节性较强，降雨主要集中在每年 5—9 月汛期阶段。此时段降雨强度高、日降雨量大、降雨集中，多为大雨、暴雨。根据有具体月份的地质灾害统计，大部分灾害都发生于这 5 个月，其他月份发生的地质灾害则明显减少（图 5-14）。

1. 前期有效降雨量预警模型

中国气象局与国土资源部（现自然资源部）自 2003 年起，联合开展了"全国地质灾害气象预报预警"工作。在借鉴国家标准、行业标准及国内外相关的地质灾害气象等级标准的基础上，采用前期有效降雨量预警模型，以宜昌市特定的地质环境条件（地形地貌、地层岩性、地质构造、人类工程活动）下引发地质灾害的前期有效降雨量临界值作为气象预警判据（高华喜等，2007；盛逸凡等，2019）。

降雨诱发的地质灾害大部分发生在降雨的当日或滞后时段（李媛，2005），在确定降雨诱发地质灾害阈值时，不仅需要考虑当日降雨量和地质灾害发生的关

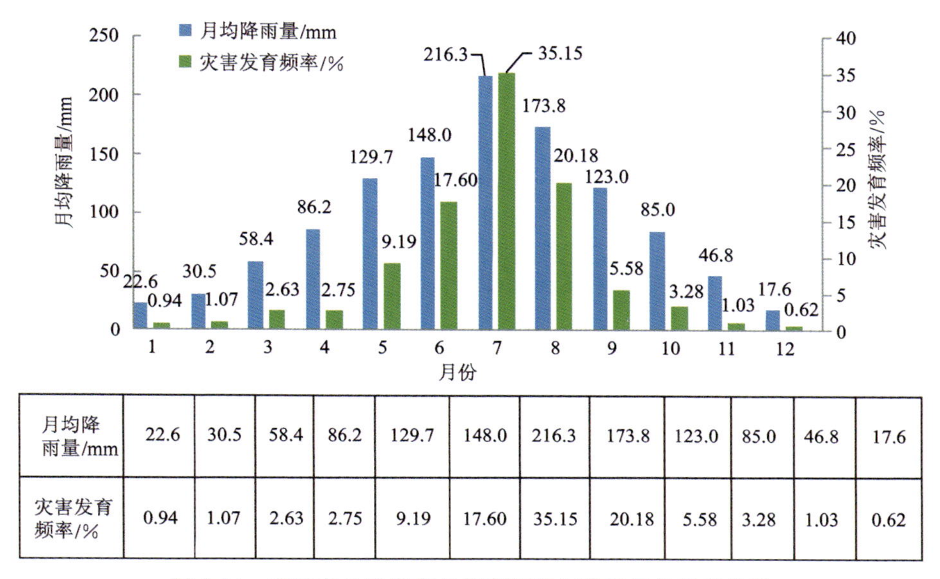

月均降雨量/mm	22.6	30.5	58.4	86.2	129.7	148.0	216.3	173.8	123.0	85.0	46.8	17.6
灾害发育频率/%	0.94	1.07	2.63	2.75	9.19	17.60	35.15	20.18	5.58	3.28	1.03	0.62

图 5-14 宜昌市地质灾害月发育频率与降雨量关系对比图

系，而且还要研究降雨对地质灾害作用的滞后效应，即地质灾害与前期降雨的关系。一般来说，当天降雨的强度越大，越容易发生地质灾害，日降雨量对地质灾害的发生起着主导作用，部分地质灾害当日降雨值为 0，受前期降雨的影响，仍然发生地质灾害。

前期有效降雨量是指前期降水进入岩土体并一直滞留至研究当天的雨量（吴益平等，2014）。前期有效降雨量综合考虑了前期降雨量与当日降雨量，是气象预警模型中的重要参数。因此本书选用前期有效降雨量作为降雨诱发地质灾害阈值。根据《地质灾害区域气象风险预警标准（试行）》，前期有效降雨量可按下式计算：

$$r_{a_0} = kr_1 + k^2 r_2 + \cdots + k^n r_n \tag{5-1}$$

式中：r_{a0} 为对于第 0 天前期有效降雨量；k 为有效雨量系数，一般取 0.84；r_n 为前第 n 天的降雨量。

2. 预警预报等级划分

从 2003 年开始，中国气象局和国土资源部确立了气象信息及滑坡相关信息的共享机制，双方在开展地质灾害气象预报预警工作时，编制了《全国地质灾害气象预报预警实施方案》，将地质灾害气象预警预报分为 5 个等级（表 5-2），并建立了每个等级灾害发生的可能性、预警预报形式等的对应表。

表 5-2　宜昌市地质灾害气象预警预报等级

预报等级	1 级	2 级	3 级	4 级	5 级
可能性	很小	较小	较大	大	很大
预报形式	不发布	不发布	预报	预警	警报
颜色表示	蓝色	蓝色	黄色	橙色	红色
发生概率	[0,10)	[10,25)	[25,50)	[50,75)	[75,95)
含义	提醒级 地质灾害发生的可能性很小	提醒级 地质灾害发生的可能性较小	注意级 地质灾害发生的可能性较大	预警级 地质灾害发生的可能性大	警报级 地质灾害发生的可能性很大

3. 前期有效降雨量阈值

宜昌市国土资源局(现为宜昌市自然资源局)联合市气象局自 2004 年开始进行了宜昌市地质灾害气象预警预报方面的研究,获得 2017—2019 年宜昌地区由降雨诱发的地质灾害发生时间、当天降雨量、前 10 天有效降雨量,将地质灾害数据分别按照前 10 天有效降雨量大小进行排序,以地质灾害发生的频率代替地质灾害发生的概率来研究地质灾害有效降雨阈值。除去当天降雨量和前 10 天有效降雨量都为零的地质灾害,将每组前 10 天有效降雨量按由小到大进行排序,分别取地质灾害总数的 25%、50%、75%的地质灾害点对应前 10 天有效降雨数据作为黄色预警、橙色预警与红色预警处的有效降雨量阈值。结合前期研究工作,获得不同易发性分区内前 10 天有效降雨量阈值,见表 5-3。

表 5-3　不同易发性分区有效降雨阈值

地质灾害发生频率/%	预警等级	低易发区/mm	中易发区/mm	高易发区/mm
[25,50)	黄色	70	30	22
[50,75)	橙色	100	46	35
[75,95)	红色	130	85	52

当预警等级达黄色时,景区宜加强地质灾害隐患点巡排查,关闭高风险区

域，做好地质灾害应急预案；当预警等级达橙色时，景区宜关闭中风险区域，限制游客数量，安排专人开展 24 小时巡排查，提醒游客不要在地质灾害隐患点附近逗留；当预警等级达红色时，景区宜暂时关闭，安全有序地撤离景区游客及工作人员。

六、应急预案及演练

编制应急预案是为了提高对地质灾害的处置能力，最大限度地预防和减少地质灾害造成的损失，保障游客的生命财产安全。宜昌市旅游景区编制地质灾害应急预案，明确了地质灾害类型及应急救援工作原则，成立了景区地质灾害应急救援指挥部，协调指挥地质灾害应急救援工作，负责启动和终止景区地质灾害应急救援预案。相关部门制订、组织、实施景区地质灾害应急救援方案，统一协调、指挥、救援，必要时联系有关政府机关参与应急救援工作，负责统一调配救援人员和物资。同时开展多部门协调应急演练，模拟景区遭受地质灾害时，景区游客及工作人员紧急安全转移的情况，提升景区地质灾害风险管控意识及应急处置能力，最大程度地保障游客及工作人员的生命安全（图 5-15）。

图 5-15　旅游景区地质灾害防治应急演练

第六章　宜昌市旅游景区地质灾害风险管控实例

本章将结合宜昌市旅游景区地质灾害风险管控实际情况，以三峡大瀑布旅游区为典型实例，对三峡大瀑布旅游区地质灾害发育情况、地质灾害管控措施进行分析，总结风险管控建设的成果以期提高宜昌市旅游景区地质灾害风险管控的能力。

第一节　三峡大瀑布旅游区地质灾害概况

一、景区概况

三峡大瀑布，原名白果树瀑布，位于夷陵区黄花镇新坪村，距宜昌市区34km。三峡大瀑布旅游区是国家AAAA级旅游景区，占地6000多亩，以天然瀑布群和峡谷丛林风光闻名。三峡大瀑布溪流全长5km，逆水而上，分布着虎口瀑、一线瀑、珍珠瀑、连环瀑和五扇瀑等形态各异的30多道瀑布。在景区的最深处，有一道宽60余米、落差高达88m的大瀑布，享有“中国十大名瀑”第四大瀑布的美誉。三峡大瀑布旅游区所处地貌类型属构造侵蚀低山丘陵地貌，总体高程在170～480m之间。三峡大瀑布溪流从景区最深处呈半“S”形自北向南流入黄柏河西支雾渡河。溪流沟谷两岸地形陡峻，多形成陡崖，切割强烈，出露下寒武统石龙洞组和第四系残坡积。景区内植被发育，覆盖率达90%以上，以乔木、灌木为主(图6-1)。

二、地质灾害发育情况

根据本次野外调查，三峡大瀑布旅游区调查区范围内共分布8处地质灾害隐患点(表6-1)。地质灾害发育类型为崩塌，规模等级均为小型。地质灾害隐患点的变形破坏模式主要为崩塌、坡面落石。崩塌体及斜坡体灾害监测难度较大、突发性强且危害性大。

图 6-1　三峡大瀑布旅游区

表 6-1　三峡大瀑布旅游区地质灾害隐患点基本情况表

序号	编号	灾害点类型	规模		危害性		稳定性	
			体积/$10^4 m^3$	规模等级	威胁对象	威胁财产/万元	现状	发展趋势
1	BT-01	崩塌	0.078 8	小型	游步道 15m、河道 15m	3	欠稳定	不稳定
2	BT-02	崩塌	0.045 0	小型	景区道路 30m、观光车换乘站	20	欠稳定	不稳定
3	BT-03	崩塌	0.924 0	小型	游步道 150m、河道 80m	15	欠稳定	不稳定
4	BT-04	崩塌	0.720 0	小型	游步道 300m、河道 200m	30	欠稳定	欠稳定
5	BT-05	崩塌	0.920 0	小型	游步道 400m、河道 300m、景区设施	40	欠稳定	欠稳定
6	BT-06	崩塌	0.630 0	小型	游步道 170m、河道 150m、景区设施	20	欠稳定	欠稳定

续表 6-1

序号	编号	灾害点类型	规模		危害性		稳定性	
			体积/$10^4 m^3$	规模等级	威胁对象	威胁财产/万元	现状	发展趋势
7	BT-07	崩塌	0.175 0	小型	景区道路 100m、景区设施	15	欠稳定	欠稳定
8	BT-08	崩塌	0.700 0	小型	游客中心、景区酒店	450	欠稳定	欠稳定

崩塌点 BT-01 位于穿洞口山体坡肩部位。崩塌点南东侧临空，临空面为高约 80m 的悬崖，底部为景区道路。崩塌点为 1 处危石和 1 处危岩体。危石长约 4m，宽约 4m，高约 8m，总体积约 $128m^3$，分布高程为 360m，主崩方向 125°；危石两肩紧依两侧山体，中间为一条小型凹槽；其破坏方式为坠落式崩塌。危岩体长约 10m，高约 6m，宽约 11m，体积 $660m^3$；下部因风化剥落形成凹腔，凹腔高 0.5～2.6m，深约 4.2m；危岩体后缘主控裂缝已贯穿，裂缝走向 125°～132°，宽 0.13～0.39m，危岩体主崩方向 125°(图 6-2)；危岩体破坏方式为倾倒式崩塌。危石或危岩体一旦发生变形，将直接威胁到下方游客的生命财产安全。

图 6-2　崩塌点 BT－01 照片

崩塌点 BT-02 位于景区观光车换乘站终点。此地周围均为林地，植被茂密，残坡积层覆盖厚度 0.2～0.5m，坡脚为景区道路。崩塌所处斜坡区平面展布方向约 270°，全长 100m，地形坡度 60°～90°，局部呈岩屋状，垂直高差 50m。出露地层主要为下寒武统石龙洞组（$\in_1 sl$）灰岩，产状 134°∠6°，中等—弱风化，岩性硬脆。崩塌分布高程 224～229m、264～274m，相对高差 5～10m，主崩方向 270°。崩塌受上下贯通裂隙切割，基座剥落致使岩体悬空。上部危岩体高约 10m，长约 5m，宽约 3m；下部长 30m，高约 5m，厚约 2m；总体积约 450m³（图 6—3）。该崩塌点主要威胁下方景区游客生命财产安全及景区道路。

图 6-3　崩塌点 BT-02 照片

崩塌点 BT-03 位于瀑布段，左边界至五号坝和六号坝中点处，右边界至启慧台处，坡顶为林地，残坡积层覆盖厚度 0.2～0.5m，坡脚为游步道。斜坡坡脚高程 272m，坡顶高程 360m，相对高差 88m，地形坡度 80°～90°，局部形成凹腔。斜坡区出露地层岩性主要为下寒武统石龙洞组（$\in_1 sh$）灰岩，地层产状 134°∠6°，中等—弱风化，岩性硬脆。岩体裂隙较发育，坡面岩体较为破碎。该崩塌点主要发育 2 组裂隙：LX1 产状 314°∠80°，LX2 产状 248°∠78°，裂隙微张（图 6-4）。坡面与岩层组合为斜逆向坡，其变形破坏模式为斜坡岩体受裂隙切割，在降雨、风化、卸荷、根劈作用下发生崩塌，坡面浮石、危石崩落，主要威胁下方景区游

图 6-4　崩塌点 BT-03 照片

客生命财产安全。

崩塌点 BT-04 位于大瀑布对岸的观瀑段，左边界至大佛平台处，右边界至四号坝处，坡顶为林地，残坡积层覆盖厚度为 0.2～0.5m，坡脚为游步道。斜坡坡脚高程 277m，坡顶高程 397m，相对高差 120m，地形坡度 75°～85°，局部形成凹腔。斜坡区出露地层岩性主要为下寒武统石龙洞组（$\in_1 sl$）灰岩，地层产状 134°∠6°，中等—弱风化，岩性硬脆。岩体裂隙较发育，坡面岩体较为破碎（图 6-5）。坡面与岩层组合为顺向坡，其变形破坏模式为斜坡岩体受裂隙切割，在降雨、风化、卸荷、根劈作用下发生崩塌，坡面浮石、危石崩落。

崩塌点 BT-05 位于长吊桥段，左边界至听瀑亭东北 30m 处，右边界至十三号坝处，坡顶为林地，残坡积层覆盖厚度 0.2～0.5m，坡脚为游步道。斜坡坡脚高程 240m，坡顶高程 355m，相对高差 115m，地形坡度 60°～90°，局部形成凹腔。斜坡区出露地层岩性主要为下寒武统石龙洞组（$\in_1 sl$）灰岩，地层产状 134°∠6°，中等—弱风化，岩性硬脆。岩体裂隙较发育，坡面岩体较为破碎。该崩塌点主要发育 2 组裂隙：LX1 产状 305°∠73°，LX2 产状 260°∠80°，裂隙微张（图 6-6）。坡面与岩层组合为逆向坡。该斜坡段曾于 2019 年 7 月 5 日 16 时 28 分突发落石，体积约 0.3m^3。

图 6-5　崩塌点 BT-04 照片

图 6-6　崩塌点 BT-05 照片

崩塌点 BT-06 位于水车段，坡顶为林地，左边界至老屋处，右边界至听瀑亭处，残坡积层覆盖厚度 0.2～0.5m，坡脚为游步道。斜坡坡脚高程 230m，坡顶高程 355m，相对高差 125m，地形坡度 60°～90°，局部形成凹腔。斜坡区出露地层岩性主要为下寒武统石龙洞组（$\in_1 sl$）灰岩，地层产状 134°∠6°，中等—弱风化，岩性硬脆。岩体裂隙较发育，坡面岩体较为破碎，裂隙微张（图 6-7），坡面与岩层组合为斜逆向坡，主要威胁下方景区游客生命财产安全。

图 6-7　崩塌点 BT-06 照片

崩塌点 BT-07 位于景区入口（检票口）段，左边界至检票口南 27m 处，右边界至十七号坝处，坡顶为林地，残坡积层覆盖厚度 0.2～0.5m，坡脚为游步道。斜坡坡脚高程 228m，坡顶高程 263m，相对高差 35m，地形坡度约 85°，局部形成凹腔。斜坡区出露地层岩性主要为下寒武统石龙洞组（$\in_1 sl$）灰岩，地层产状 134°∠6°，中等—弱风化，岩性硬脆。岩体裂隙较发育，坡面岩体较为破碎。该崩塌点主要发育 2 组裂隙，裂隙微张（图 6-8）。坡面与岩层组合为斜逆向坡，主要威胁下方景区游客生命财产安全。

崩塌点 BT-08 位于景区游客中心后部，左边界至景区停车场左出入口，右边界至下沿岩对岸，坡顶为林地，坡脚为游客中心、酒店等景区建筑。斜坡坡脚高程 183m，坡顶高程 283m，相对高差 100m，地形坡度 30°～90°，局部形成凹腔。斜坡区出露地层岩性主要为第四系崩坡积块石、下寒武统石龙洞组（$\in_1 sl$）灰岩。

图 6-8 崩塌点 BT-07 照片

地层产状 134°∠6°，中等—弱风化，岩性硬脆。岩体裂隙较发育，坡面岩体较为破碎。该崩塌点主要发育 2 组裂隙：LX1 产状 215°∠87°，LX2 产状 185°∠85°，裂隙微张。坡面与岩层组合为斜向坡，主要威胁下方景区游客及建筑安全（图 6-9）。

图 6-9 崩塌点 BT-08 照片

三、地质灾害风险评价

通过对三峡大瀑布旅游区承灾体的分析计算，得出三峡大瀑布旅游区风险评价图（图 6-10）。三峡大瀑布旅游区中风险区域主要位于藏经洞至水袈裟大佛沿线，面积约 0.54km^2，中风险区地形坡度 60°～90°，局部形成凹腔。出露地层岩性主要为下寒武统石龙洞组（$\in_1 sl$）灰岩，地层产状 134°∠6°，中等—弱风化，岩性硬脆。岩体裂隙较发育，坡面岩体较为破碎。崩塌点主要发育两组裂隙：LX1 产状 280°∠72°，LX2 产状 305°∠78°，裂隙微张。坡面与岩层组合为斜逆向坡。该旅游区主要发育地质灾害隐患点 BT-01、BT-03、BT-04、BT-05、BT-06，发育高程 360～400m，坡度约 80°，规模较小，一般体积 50～1200m^3。崩塌落石点受裂隙切割，在降雨、风化、卸荷、根劈作用下发生崩塌，坡面浮石、危石崩落（图 6-11），主要威胁下方景区游客生命财产安全。

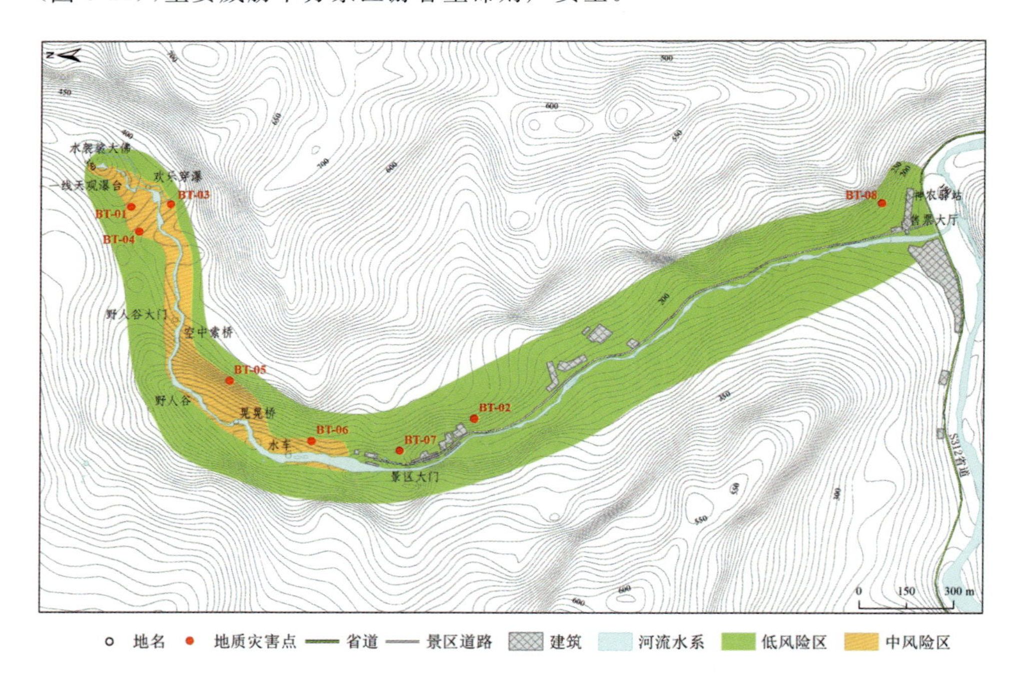

图 6-10　三峡大瀑布旅游区地质灾害风险评价图

图 6-11　三峡大瀑布旅游区中风险区地质灾害隐患点

第二节　三峡大瀑布旅游区风险管控

宜昌市旅游景区要提高地质灾害风险管能力，首先需建立完善的管控体系，重视应急管控及区域风险管控能力建设。本节将以三峡大瀑布旅游区为例，从管控体系、应急管控、区域风险管控 3 个方面介绍三峡大瀑布旅游区地质灾害风险管控。

一、管控体系

（一）制度及机构设置

三峡大瀑布旅游区建立了地质灾害隐患点巡查制度，明确了地质灾害隐患点和易发地段监测预警责任人和监测人员，设立了专门地质灾害巡查部门，配备了专门巡查员，同时规定了日常及极端天气巡查频率及路线，加强极端降雨天气应急值守值班和信息报送（图 6-12）。

（二）宣传培训

防灾减灾宣传培训是地质灾害风险管理体系中的一个重要环节。三峡大瀑布旅游区加强地质灾害宣传，在景区入口发放游览路线导图及安全路线图，告知游客安全游览路线及应急路线。同时三峡大瀑布旅游区通过日常的教育与宣传工作，培训景区工作人员及当地群众如何认识灾害、判断灾害，不断提高危机意识，建立正确的地质灾害风险观念，同时训练景区自救与救人的应变能力（图6-13）。

图 6-12　景区日常巡查

图 6-13　地质灾害防治宣传培训

（三）工程治理

三峡大瀑布旅游区自行组织对崩塌点BT-04、BT-05、BT-06、BT-07局部坡段进行了治理，主要采用坡面浮石清理、主动防护网（图6-14）、被动防护网等措施。崩塌点BT-04主要采用了局部主动防护网加局部被动网防护；崩塌点BT-05主要采用局部主动防护网加被动网防护；崩塌点BT-06坡顶采用被动网防护；崩塌点BT-07中部采用被动网防护。主动防护网及被动防护网可有效拦截坡面小型落石，减轻突发小型落石对景区游客及工程人员的威胁。

图6-14　主动防护网

（四）监测预警

监测预警是地质灾害管控的重要前提工作。及时、准确的预警可起到事半功倍的作用。三峡大瀑布旅游区主要采用的是气象预警，气象预警发布等级见表6-2。三峡大瀑布旅游区与自然资源、地震、气象、防汛等灾害发布机构建立了长效联系，及时掌握当地的气象、地质灾害及其它灾害的变化，同时接收自然资源部门发布的地质灾害气象预警信息，做到未雨绸缪。三峡大瀑布旅游区在景区内设置日常巡查点，设立地质灾害警示牌，开展日常巡查监测。

表 6-2　三峡大瀑布旅游区气象预警发布等级表

预警等级	黄色	橙色	红色
低易发区/mm	70	100	130
中易发区/mm	30	46	85
高易发区/mm	22	35	52
预报形式	预报	预警	警报
含义	注意级 地质灾害发生的 可能性较大	预警级 地质灾害发生的 可能性大	警报级 地质灾害发生的 可能很大

二、应急管控

应急管控主要包括应急预案的编制、应急演练的常态化、应急物资的储备以及日常的防灾减灾培训 4 个方面。

(一)应急预案

三峡大瀑布旅游区结合景区崩塌落石发育的特点，编制了操作性及针对性强的应急预案。应急预案体现了景区现有地质灾害隐患的发育特点以及地质灾害易发区的分布情况，对于单体地质灾害有明确管控方案，高易发地质灾害区有明确的管控措施、撤离路线等。

(二)应急演练

三峡大瀑布旅游区在每年汛期前开展一次应急演练，应急演练以人为本、避让为主，统一领导、分组负责，反应迅速、措施果断，各组相互配合、分工协作，简洁高效、安全第一。应急演练包括综合防灾演练、紧急召集演练、紧急通讯演练、避险演练等。应急演练模拟正在遭遇地质灾害发生的情景，景区工作人员及游客迅速且正确的开展自救行动，演练受灾游客救出、救护、避险等灾害防救行动，重点进行避险疏散的训练。

(三)应急救援

三峡大瀑布旅游区建立了科学的救援体系，主要包括指挥中心的建立、专业的救援人员以及景区医疗救护站。灾害一旦发生，景区及时成立救援指挥中心，中心主要负责人立即赶赴灾害现场进行指挥救援，及时协调医疗、消防、通信等相关部门。旅游景区根据自身规模、灾害的发育情况及灾害发生后可能造成的损失情况，配备专业的救援人员，救灾系统一旦启动，能快速、专业的投入搜救。

在专业医疗单位进入之前，景区医疗救护站最大限度地开展救治工作，挽救人员生命。

(四)应急物资储备

地质灾害一旦发生，容易造成交通阻断。为了保障在地质灾害发生后第一时间能够开展自救，确保专业救援队伍到来前的基本生存保障，三峡大瀑布旅游区根据景区自身可能发生的地质灾害特点，储备了必要的救援装备、救援物资、照明设备及警示设备，见表6-3。

表6-3　常用地质灾害救援物资储备一览表

分项	物资内容
救援装备	救生用绳索、手持切割机、铁铲等
救援物资	紧急医疗药品、担架、氧气器具、睡袋等
照明设备	发电机、探照灯、手电筒等
警示设备	警戒牌、警示灯、警戒绳、广播器、扩音器等

三、区域风险管控

区域性管控是在较为详细的地质灾害调查、风险评价的基础上，将旅游景区划分为高、中、低风险区，针对不同级别风险区进行管控。三峡大瀑布旅游区只存在中、低风险区，因此，景区结合自身地质灾害发育特点及风险评价结果，对地质灾害中风险区、地质灾害低风险区制订了不同的管控措施。

1. 地质灾害中风险区

三峡大瀑布旅游区中风险区主要位于藏经洞至水袈裟大佛沿线。中风险管控区地质灾害发育较集中，灾害点现多处于基本稳定—欠稳定状态，发展趋势为欠稳定—不稳定，地质环境条件一般，地质灾害隐患的威胁性较大，发生灾害的可能性较大。灾害发生后虽威胁景区景点、人员集中地或过往行人车辆，但经过设置警示预防或工程防治等手段可消除、削弱、减缓灾害的发生。针对崩塌落石地质灾害隐患点，三峡大瀑布旅游区采用设置主动防护网、被动防护网和坡面浮石清理等防治措施，保障游客及工作人员的安全。

在气象预警等级达到黄色时，三峡大瀑布旅游区加强地质灾害隐患点巡查排查；当预警等级达到橙色时，景区关闭中风险区域，限制游客数量，禁止游客、工作人员、行人车辆进入中风险区，安排专人开展24小时巡查排查工作，提醒游客不要在地质灾害隐患点附近逗留；当预警等级达到红色时，景区暂时关闭，安全有序地撤离景区游客及工作人员。

2. 地质灾害低风险区

三峡大瀑布旅游区除中风险区外，其余均为低风险区。对于低风险管控区，三峡大瀑布旅游区对已查明的单体地质灾害隐患点设立警示牌，提醒游客及工作人员快速通过，同时开展日常巡排查工作。

附表 宜昌市主要旅游景区及地质灾害风险性分区统计表

附表1 宜昌市主要旅游景区

宜昌 AAA 级以上旅游景区				
序号	景区名称	等级	公告时间	地址
1	三峡大坝-屈原故里旅游区	AAAAA	2007 年	三峡坝区江峡大道(三峡大坝)
			2014 年	秭归县茅坪镇滨湖大道
2	三峡人家风景区	AAAAA	2011 年	夷陵区三斗坪镇石牌村
3	清江画廊旅游度假区	AAAAA	2012 年	长阳土家族自治县龙舟坪镇
4	车溪民俗文化旅游区	AAAA	2004 年	点军区土城乡车溪村
5	西陵峡口风景名胜区	AAAA	2004 年	宜昌市南津关路
6	柴埠溪大峡谷风景区	AAAA	2005 年	五峰土家族自治县渔关镇
7	九畹溪风景区	AAAA	2006 年	秭归县九畹溪镇槐树坪村
8	三游洞景区	AAAA	2006 年	宜昌市南津关路 8 号
9	石牌要塞旅游区	AAAA	2006 年	夷陵区三斗坪镇石牌村
10	三峡大瀑布旅游区	AAAA	2009 年	夷陵区黄花乡新坪村
11	三峡竹海生态风景区	AAAA	2012 年	秭归县茅坪镇泗溪村
12	玉泉山风景名胜区	AAAA	2012 年	当阳市玉泉寺
13	高岚朝天吼漂流景区	AAAA	2013 年	兴山县水月寺镇高岚村
14	鸣凤山景区	AAAA	2014 年	远安县鸣凤镇凤山村
15	金狮洞景区	AAAA	2014 年	夷陵区小溪塔街办廖家林村
16	天门峡景区	AAAA	2014 年	五峰土家族自治县五峰镇
17	百里荒高山草原旅游区	AAAA	2016 年	夷陵区分乡镇百里荒村
18	清江方山景区	AAAA	2018 年	长阳土家族自治县龙舟坪镇
19	三峡九凤谷景区	AAAA	2019 年	宜都市五眼泉镇弭水桥村

续附表 1

宜昌 AAA 级以上旅游景区				
序号	景区名称	等级	公告时间	地址
20	昭君村古汉文化游览区	AAAA	2019 年	兴山县昭君镇昭君村
21	清江天龙湾旅游度假区	AAAA	2020 年	清江天龙湾旅游度假区
22	猇亭古战场风景区	AAAA	2020 年	宜昌市猇亭区
23	奥陶纪石林景区	AAA	2006 年	宜都市潘家湾乡沈家冲村
24	情人泉景区	AAA	2006 年	夷陵区黄花乡新坪村
25	古潮音洞度假山寨	AAA	2006 年	宜都市聂家河镇聂家河村
26	鸣翠谷景区	AAA	2006 年	点军区点军乡紫阳村
27	链子崖景区	AAA	2009 年	秭归县屈原镇西陵峡村
28	天柱山景区	AAA	2013 年	长阳土家族自治县鸭子口乡
29	麻池古寨旅游区	AAA	2013 年	长阳土家族自治县都镇湾镇
30	西塞国旅游度假区	AAA	2014 年	夷陵区樟村坪镇黎耳坪村
31	青龙峡漂流景区	AAA	2017 年	点军区土城乡花栗树村
32	西河大峡谷景区	AAA	2017 年	远安县嫘祖镇西河村
33	三峡奇潭景区	AAA	2018 年	夷陵区黄花镇上洋村
34	月亮花谷景区	AAA	2018 年	秭归县茅坪镇月亮包村
35	三峡水乡景区	AAA	2018 年	远安县鸣凤镇北门村九子溪
36	三峡富裕山景区	AAA	2019 年	夷陵区黄花镇杨家河村
37	长生洞景区	AAA	2020 年	五峰土家族自治县五峰镇
国家地质公园				
序号	国家地质公园名称	批准时间	面积	区域
1	长江三峡国家地质公园（湖北）	2005 年	2500km²	西起恩施市巴东县，东抵宜昌市伍家岗区
2	湖北长阳清江国家地质公园	2017 年	354.04km²	鄂西南山区及清江中下游的长阳土家族自治县
3	湖北五峰国家地质公园	2017 年	1000km²	湖北五峰土家族自治县

续附表 1

宜昌 AAA 级以上旅游景区				
序号	景区名称	等级	公告时间	地址
国家森林公园				
序号	国家森林公园名称	批准时间	面积	区域
1	大老岭国家森林公园(湖北)	1992 年	5972hm^2	湖北宜昌市夷陵区、秭归县、兴山县交界处
2	玉泉寺国家森林公园	1992 年	573.33hm^2	湖北省当阳市长坂坡
3	龙门河国家森林公园	1993 年	4 644.4hm^2	昭君故里与神农架原始林区、巴东县交会处
4	柴埠溪国家森林公园	1996 年	6 667.00hm^2	五峰东南部长乐坪、渔洋关两镇交界处
5	清江国家森林公园	1996 年	49 980hm^2	湖北省宜昌市长阳土家族自治县境内
6	西塞国国家森林公园	2015 年	8 630.47hm^2	国有樟村坪林场和望江山林场
国家自然保护区				
序号	国家自然保护区名称	批准时间	面积	区域
1	后河国家级自然保护区	2000 年	40 964.9hm^2	五峰土家族自治县域中南部
2	大老岭国家级自然保护区	2017 年	14 225hm^2	夷陵区西北部、长江西陵峡北岸
3	崩尖子国家级自然保护区	2017 年	13 313hm^2	长阳土家族自治县中南部
国家地质文化村				
序号	国家地质文化村名称	批准时间		区域
1	远安落星地质文化村	2021 年		远安县河口乡

注：1hm^2＝0.01km^2。

附表2　宜昌市AAA级以上景区地质灾害风险性分区统计表

景区名称	高风险区	面积占比	分布位置	中风险区	面积占比	分布位置
三峡人家风景区				1个区	1.97%	景区入口龙津溪内婚嫁楼对面七叠桥景点附近
清江画廊旅游度假区				2个区	6.17%	①景区入口鼓乐堂范围；②B线仙人寨景点沿线
屈原故里文化旅游区						
车溪民俗文化旅游区	1个区	5.47%	天龙云窟景点内	2个区	19.41%	①景区入口1.1km至泡桐树湾；②天龙云窟至娘娘泉
西陵峡风景名胜区						
柴埠溪大峡谷风景区				2个区	9.29%	①索道上站至圣水观音；②古藤桥到墨池
九畹溪风景区				1个区	7.31%	离景区游客中心3.8～4.8km之间的道路
三游洞景区				2个区	5.17%	①景区门口沿西陵峡河边至呐喊喷泉景点沿线；②张飞擂鼓台北侧的游客休息平台分布范围
石牌要塞旅游区						
三峡大瀑布旅游区				1个区	11.62%	藏经洞至水袈裟大佛沿线
三峡竹海生态风景区				1个区	10.92%	离景区游客中心200m至景点彩虹桥之间的道路
玉泉山风景名胜区						

续附表 2

景区名称	高风险区	面积占比	分布位置	中风险区	面积占比	分布位置
高岚朝天吼漂流景区				4 个区	2.27%	①斑鸠窝公共厕所及前方人行道； ②景区影视基地景点范围； ③景区飞来石景点下方，高岚草堂饭馆及广场处； ④高岚草堂至漂流终点方向，距高岚草堂约 1km
鸣凤山风景区				3 个区	4.54%	①八卦台至景区出口，途经第一个桥，靠近陡崖桥头范围； ②祖师殿及前部廊桥范围； ③永圣宫及前部河道范围
金狮洞景区						
天门峡景区				1 个区	15.13%	景区栈道沿线
百里荒景区				1 个区	0.54%	跑马场西北侧新建游步道沿线
清江方山景区				2 个区	4.99%	①阴阳极景点范围； ②吊脚楼景点范围
三峡九凤谷景区						
昭君村古汉文化游览区						
奥陶纪石林						
情人泉景区						
古潮音洞度假山寨				2 个区	12.04%	①观瀑台景点至该景点西侧 100m 的游客道沿线； ②古潮音洞溶洞出口至水上乐园沿线
鸣翠谷景区				3 个区	9.33%	①景区游客中心至湖心亭景点沿线； ②彩虹滑道景点分布范围； ③金龟湖北东侧岸坡沿线

续附表 2

景区名称	高风险区	面积占比	分布位置	中风险区	面积占比	分布位置
链子崖景区						
天柱山景区				1个区	2.25%	朝天梯范围沿线
麻池古寨旅游区						
天龙湾旅游度假区						
西塞国旅游度假区						
青龙峡漂流景区				2个区	9.19%	①景区人行桥至该人行桥向北侧1km处漂流通道沿线；②漂流终点东南侧1km处至该点东侧500m处漂流通道沿线
西河大峡谷				1个区	15.78%	距景区入口1～5km的峡谷范围
三峡奇潭景区				1个区	5.21%	玻璃滑水道起点前180m至终点后375m沿线
月亮花谷景区						
三峡水乡景区						
猇亭(三国)古战场风景区						
三峡富裕山景区	1个区	4.81%	屯兵洞处(二号卡门至四号卡门沿线)	2个区	5.32%	①陆家沟上段；②景区入口公路沿线
五峰长生洞景区				1个区	100.00%	本次调查区

说明：除高风险区、中风险区外，其余均为低风险区。

附表 3 宜昌市旅游景区地质灾害隐患点风险管控一览表

<table>
<tr><th rowspan="2">编号</th><th rowspan="2">灾害类型</th><th colspan="2">风险管控措施</th></tr>
<tr><th>预防措施</th><th>工程措施</th></tr>
<tr><td colspan="4">三峡人家风景区地质灾害隐患点风险管控一览表</td></tr>
<tr><td>BT-01</td><td>崩塌</td><td rowspan="10">①设置警示标识,加强巡视监测;
②落实监测人员,降雨期加强监测的频率</td><td>危岩清理</td></tr>
<tr><td>BT-02</td><td>崩塌</td><td>危岩清理+主动防护网</td></tr>
<tr><td>BT-03</td><td>崩塌</td><td>危岩清理</td></tr>
<tr><td>BT-04</td><td>崩塌</td><td>危岩清理</td></tr>
<tr><td>BT-05</td><td>崩塌</td><td>危岩清理+主动防护网</td></tr>
<tr><td>BT-06</td><td>崩塌</td><td>危岩清理</td></tr>
<tr><td>BT-07</td><td>崩塌</td><td>危岩清理+主动防护网</td></tr>
<tr><td>BT-08</td><td>崩塌</td><td>危岩清理</td></tr>
<tr><td>BT-09</td><td>崩塌</td><td rowspan="2">危岩清理+主动防护网</td></tr>
<tr><td>BT-10</td><td>崩塌</td></tr>
<tr><td colspan="4">清江画廊旅游度假区地质灾害隐患点风险管控一览表</td></tr>
<tr><td>BT-01</td><td>崩塌</td><td rowspan="5">①设置警示标识,加强巡查监测,降雨期加强监测频率;
②警示游客、行人快速通行</td><td>危石清除+主动防护网</td></tr>
<tr><td>BT-02</td><td>崩塌</td><td>局部危石清除+灌浆加固</td></tr>
<tr><td>BT-03</td><td>崩塌</td><td>支撑+灌浆加固</td></tr>
<tr><td>BT-04</td><td>崩塌</td><td>支撑</td></tr>
<tr><td>BT-05</td><td>崩塌</td><td>灌浆锚固</td></tr>
<tr><td colspan="4">车溪民俗文化旅游区地质灾害隐患点风险管控一览表</td></tr>
<tr><td>BT-01</td><td>崩塌</td><td rowspan="10">①设置警示牌、警示标志;
②禁止人员进入该点影响范围内</td><td>清理危岩体+主动防护网</td></tr>
<tr><td>BT-02</td><td>崩塌</td><td>已清理部分危岩体,需继续监测</td></tr>
<tr><td>BT-03</td><td>崩塌</td><td>清理危岩体</td></tr>
<tr><td>BT-04</td><td>崩塌</td><td>清理危岩体+主动防护网</td></tr>
<tr><td>BT-05</td><td>崩塌</td><td>清理危岩体</td></tr>
<tr><td>BT-06</td><td>崩塌</td><td>清理危岩体+主动防护网</td></tr>
<tr><td>BT-07</td><td>崩塌</td><td>清理危岩体+主动防护网</td></tr>
<tr><td>BT-08</td><td>崩塌</td><td>清理危岩体+明硐防护</td></tr>
<tr><td>BT-09</td><td>崩塌</td><td>已实施治理工程,局部需继续监测</td></tr>
<tr><td>BT-10</td><td>崩塌</td><td>目前该点已暂时封闭,建议治理措施为修建明硐</td></tr>
</table>

续附表 3

编号	灾害类型	风险管控措施	
		预防措施	工程措施
柴埠溪大峡谷风景区地质灾害隐患点风险管控一览表			
BT-05	崩塌	①设置警示牌、警示标志，加强监测；②加强景区地质灾害巡视检查；③50mm 以上降雨期，禁止工作人员及游客进入	局部危石清理
BT-16	崩塌		局部危石清理
BT-17	崩塌		局部危石清理
BT-18	崩塌		危石清理＋完善防护棚
BT-19	崩塌		危石清理＋完善防护棚
九畹溪风景区地质灾害隐患点风险管控一览表			
BT-01	崩塌	①设置警示标识，落实监测人员，降雨期加强巡视监测频率；②行人及车辆观察通行	危岩清理＋锚固＋主动防护网
BT-02	崩塌		危岩清理＋锚固＋主动防护网
BT-03	崩塌		危岩清理＋被动防护网
BT-04	崩塌		危岩清理＋被动防护网加固
BT-05	崩塌		危岩清理
BT-06	崩塌		危岩清理＋被动防护网
BT-07	崩塌		支撑
三游洞景区地质灾害隐患点风险管控一览表			
BT-01	崩塌	①设置警示标识，加强巡查监测；②50mm 以上降雨期，不稳定斜坡影响范围内禁止工作人员及行人进入；③设置隔离警戒线，禁止行人进入崩塌区及其影响范围。	局部已采用主动防护网措施
BT-02	崩塌		锚固
BT-03	崩塌		局部已采用主动防护网措施
BT-04	崩塌		危岩清理
三峡大瀑布旅游区地质灾害隐患点风险管控一览表			
BT-01	崩塌	①设置警示标识，加强监测；②设置隔离警戒线，禁止行人进入崩塌区及其影响范围；③50mm 以上降雨期，禁止游客和行人进入	危石清除＋危岩支护
BT-02	崩塌	①设置警示标识；②加强巡查监测	危石清除＋主动防护网

续附表 3

<table>
<tr><th rowspan="2">编号</th><th rowspan="2">灾害类型</th><th colspan="2">风险管控措施</th></tr>
<tr><th>预防措施</th><th>工程措施</th></tr>
<tr><td colspan="4">三峡大瀑布旅游区地质灾害隐患点风险管控一览表</td></tr>
<tr><td>BT-03</td><td>崩塌</td><td rowspan="4">①设置警示标识；
②加强巡查监测；
③50mm 以上降雨期，禁止游客和行人进入</td><td>危石清除＋主动防护网</td></tr>
<tr><td>BT-04</td><td>崩塌</td><td>危石清除＋主动防护网</td></tr>
<tr><td>BT-05</td><td>崩塌</td><td>危石清除＋主动防护网＋被动防护网</td></tr>
<tr><td>BT-06</td><td>崩塌</td><td>危石清除＋主动防护网＋被动防护网</td></tr>
<tr><td>BT-07</td><td>崩塌</td><td rowspan="2">①设置警示标识；
②加强巡查监测</td><td>危石清除＋主动防护网</td></tr>
<tr><td>BT-08</td><td>崩塌</td><td>被动防护网</td></tr>
<tr><td colspan="4">三峡竹海生态风景区地质灾害隐患点风险管控一览表</td></tr>
<tr><td>BT-01</td><td>崩塌</td><td rowspan="7">①设置警示标识，加强巡视监测；
②落实监测人员，降雨期加强监测频率</td><td>主动防护网</td></tr>
<tr><td>BT-02</td><td>崩塌</td><td>危岩清理＋挡土墙</td></tr>
<tr><td>BT-03</td><td>崩塌</td><td>被动防护网</td></tr>
<tr><td>BT-04</td><td>崩塌</td><td>防护棚或被动防护网</td></tr>
<tr><td>BT-05</td><td>崩塌</td><td>被动防护网</td></tr>
<tr><td>BT-06</td><td>崩塌</td><td>防护棚或被动防护网</td></tr>
<tr><td>BT-07</td><td>崩塌</td><td>主动防护网</td></tr>
<tr><td colspan="4">朝天吼漂流景区地质灾害隐患点风险管控一览表</td></tr>
<tr><td>BT-01</td><td>崩塌</td><td rowspan="9">①设置警示标识，落实监测人员，降雨期加强监测频率；
②设置警戒牌提示过往行人不要停留，快速通过；
③在崩塌体影响范围内设置提示牌，提示行人有潜在危险，观察确保安全后通过；
④设置隔离警戒线，禁止行人进入崩塌区及其影响范围</td><td>坡面清理</td></tr>
<tr><td>BT-02</td><td>崩塌</td><td>支撑</td></tr>
<tr><td>BT-03</td><td>崩塌</td><td>坡面清理＋拦挡工程</td></tr>
<tr><td>BT-04</td><td>崩塌</td><td>坡面清理＋拦挡工程</td></tr>
<tr><td>BT-05</td><td>崩塌</td><td>坡面清理</td></tr>
<tr><td>BT-06</td><td>崩塌</td><td>坡面清理＋主动防护网</td></tr>
<tr><td>BT-07</td><td>崩塌</td><td>坡面清理</td></tr>
<tr><td>BT-08</td><td>崩塌</td><td>拦挡工程</td></tr>
<tr><td>BT-09</td><td>崩塌</td><td>支挡工程</td></tr>
</table>

续附表 3

<table>
<tr><th rowspan="2">编号</th><th rowspan="2">灾害类型</th><th colspan="2">风险管控措施</th></tr>
<tr><th>预防措施</th><th>工程措施</th></tr>
<tr><td colspan="4">朝天吼漂流景区地质灾害隐患点风险管控一览表</td></tr>
<tr><td>BT-10</td><td>崩塌</td><td>①设置警示标识,落实监测人员,降雨期加强监测频率;
②建议对道路易崩塌段进行暂时关闭处理,待治理后再开放</td><td>支挡工程</td></tr>
<tr><td colspan="4">鸣凤山风景区地质灾害隐患点风险管控一览表</td></tr>
<tr><td>BT-01</td><td>崩塌</td><td>①设置警示标识,加强监测;
②设置隔离警戒线,禁止行人进入崩塌区及其影响范围;
③建议游步道临时改道,过往行人车辆禁止从崩塌区下部通行</td><td>危石清除+主动防护网</td></tr>
<tr><td>BT-02</td><td>崩塌</td><td>①设置警示标识,加强监测;
②50mm 以上降雨期,头天门、祖师殿范围内禁止工作人员及行人进入</td><td>局部危石清除+主动防护网</td></tr>
<tr><td>BT-03</td><td>崩塌</td><td>①设置警示标识;
②加强巡查监测,对崩塌体后缘裂缝发育情况进行监测</td><td>局部清理</td></tr>
<tr><td>BT-04</td><td>崩塌</td><td rowspan="2">①设置警示标识,加强巡查监测;
②50mm 以上降雨期,坡体下部永圣宫、停车场附近禁止工作人员及行人进入</td><td>危石清除+主动防护网</td></tr>
<tr><td>BT-05</td><td>崩塌</td><td>危石清除+主动防护网</td></tr>
<tr><td>BT-06</td><td>崩塌</td><td>①加强监测;
②设立警示牌,禁止行人靠近、攀爬危岩体</td><td>凹腔支撑+锁固</td></tr>
</table>

续附表 3

编号	灾害类型	风险管控措施	
		预防措施	工程措施
天门峡景区地质灾害隐患点风险管控一览表			
BT-05	崩塌	①设置警示牌、警示标志，加强监测； ②加强景区地质灾害巡视检查； ③50mm 以上降雨期，禁止工作人员及游客进入	清理危岩体＋主动防护网
BT-06	崩塌		清理危岩体＋主动防护网
BT-07	崩塌		清理危岩体＋防护棚
BT-08	崩塌		清理危岩体＋防护棚
BT-09	崩塌		清理危岩体＋被动防护网
BT-10	崩塌		清理危岩体＋主动防护网
BT-11	崩塌		清理危岩体
BT-12	崩塌		清理危岩体＋被动防护网
BT-20	崩塌		清理危岩体＋被动防护网
BT-21	崩塌		清理危岩体
BT-22	崩塌		清理危岩体＋主动防护网
百里荒景区地质灾害隐患点风险管控一览表			
BT-01	崩塌	①设置警示标识； ②加强对崩塌体后缘裂缝的监测； ③50mm 以上的降雨期，禁止游客和行人靠近、经过	危石清除＋主动防护网
BT-02	崩塌		危石清除＋主动防护网
清江方山景区地质灾害隐患点风险管控一览表			
BT-01	崩塌	①设置警示标识，加强监测，降雨期加强监测频率； ②建议游步道临时改道，警示过往游客快速通行	危石清除
BT-02	崩塌		灌浆锚固
BT-03	崩塌		支撑＋灌浆锚固
BT-04	崩塌		灌浆锚固
BT-05	崩塌		支撑＋灌浆加固
BT-06	崩塌		危石清除＋主动防护网
BT-07	崩塌		支撑＋灌浆加固

续附表 3

<table>
<tr><th rowspan="2">编号</th><th rowspan="2">灾害类型</th><th colspan="2">风险管控措施</th></tr>
<tr><th>预防措施</th><th>工程措施</th></tr>
<tr><td colspan="4">古潮音洞风景区地质灾害隐患点风险管控一览表</td></tr>
<tr><td>BT-01</td><td>崩塌</td><td rowspan="2">①设置警示标识；
②加强巡查，对崩塌体后缘裂缝发育情况进行监测；
③50mm 以上降雨期崩塌体底部的游步道禁止工作人员及游客通行</td><td>危岩清理</td></tr>
<tr><td>BT-02</td><td>崩塌</td><td>锚固</td></tr>
<tr><td colspan="4">鸣翠谷景区地质灾害隐患点风险管控一览表</td></tr>
<tr><td>BT-01</td><td>崩塌</td><td rowspan="3">①设置警示标识，加强监测；
②设置隔离警戒线，禁止行人进入崩塌区及其影响范围；
③50mm 以上降雨期，崩塌点影响范围内禁止工作人员及行人进入；
④加强巡查监测，对崩塌体后缘裂缝发育情况进行监测</td><td>局部已采取主动防护网措施，建议采取危岩清理＋主动防护网措施</td></tr>
<tr><td>BT-02</td><td>崩塌</td><td>危岩清理＋主动防护网</td></tr>
<tr><td>BT-03</td><td>崩塌</td><td>局部采取主动防护网措施，建议增加被动防护网措施</td></tr>
<tr><td>BT-04</td><td>崩塌</td><td>①设置警示标识，加强巡查监测；
②50mm 以上降雨期，彩虹滑道景点及该景点底下的亭子禁止工作人员及行人进入</td><td>危岩清理</td></tr>
<tr><td>BT-05</td><td>崩塌</td><td>①设置警示标识，加强巡查监测；
②50mm 以上降雨期，不稳定斜坡影响范围内禁止工作人员及行人进入</td><td>危岩清理</td></tr>
<tr><td colspan="4">天柱山景区地质灾害隐患点风险管控一览表</td></tr>
<tr><td>BT-01</td><td>崩塌</td><td rowspan="2">①设置警示标识，加强监测，降雨期加强监测频率；
②警示游客、过往行人快速通行</td><td>危石清除＋灌浆加固</td></tr>
<tr><td>BT-02</td><td>崩塌</td><td>灌浆锚固</td></tr>
<tr><td colspan="4">青龙峡漂流风景区地质灾害隐患点风险管控一览表</td></tr>
<tr><td>BT-01</td><td>崩塌</td><td rowspan="4">①设置警示标识，加强巡查监测；
②50m 以上降雨期，不稳定斜坡影响范围内禁止工作人员及行人进入</td><td>被动防护网</td></tr>
<tr><td>BT-02</td><td>崩塌</td><td>被动防护网</td></tr>
<tr><td>BT-03</td><td>崩塌</td><td>危岩清理</td></tr>
<tr><td>BT-04</td><td>崩塌</td><td>被动防护网</td></tr>
</table>

续附表 3

编号	灾害类型	风险管控措施	
		预防措施	工程措施
三峡奇潭景区地质灾害隐患点风险管控一览表			
BT-01	崩塌	①设置警示标识； ②加强巡查监测； ③加强对崩塌体后缘裂缝的监测	危石清除＋主动防护网
BT-02	崩塌	①设置警示标识； ②加强巡查监测	危石清除＋被动防护网
BT-03	崩塌		危石清除＋主动防护网
BT-04	崩塌	①设置警示标识； ②加强巡查监测； ③50mm 以上的降雨期，禁止游客和行人进入斜坡体影响范围内	危石清除＋主动防护网
BT-05	崩塌		危石清除＋主动防护网
BT-06	崩塌		危石清除＋主动防护网
BT-07	崩塌		危石清除＋主动防护网
BT-08	崩塌		危石清除＋主动防护网＋锚固
三峡富裕山景区地质灾害隐患点风险管控一览表			
BT-01	崩塌	①设置警示标识； ②加强对危岩体后缘裂缝的监测； ③设置隔离警戒线，禁止游客和行人进入灾害点影响范围	危石清除＋主动防护网＋锚固
BT-02	崩塌	①设置警示标识； ②加强巡查监测； ③50mm 以上降雨期，坡体下方禁止游客、行人和车辆进入	危石清除＋主动防护网
BT-03	崩塌		危石清除＋主动防护网＋被动防护网
HP-01	滑坡	①设置警示牌、警示标志，加强监测； ②加强景区地质灾害巡视检查	修建挡土墙进行防护
长生洞风景区地质灾害隐患点风险管控一览表			
BT-01	崩塌	①设置警示牌、警示标志，加强监测； ②加强景区地质灾害巡视检查； ③落实监测人员，降雨期加强监测频率	局部进行危石清理
BT-02	崩塌		局部进行危石清理
BT-03	崩塌		坡面危石清理并布设被动防护网

主要参考文献

陈迪,戎嘉余,2020.华南与缅甸奥陶纪末赫南特贝动物群中的非铰合类腕足动物[J].古生物学报,59(2):137-159.

程凌鹏,杨冰,刘传正,2001.区域地质灾害风险评价研究述评[J].水文地质工程地质(3):75-78.

程龙,阎春波,陈孝红,等,2015.湖北省南漳/远安动物群特征及其意义初探[J].中国地质,42(2):676-684.

邓爱云,程龙,2018.深闺蛟龙:南漳-远安动物群[J].化石(1):17-22.

高华喜,殷坤龙,2007.降雨与滑坡灾害相关性分析及预警预报阀值之探讨[J].岩土力学(5):1055-1060.

韩金良,吴树仁,何淑军,等,2009.5·12汶川8级地震次生地质灾害的基本特征及其形成机制浅析[J].地学前缘,16(3):306-326.

华洪,蔡耀平,闵筱,等,2020.新元古代末期高家山生物群的生态多样性[J].地学前缘,27(6):28-46.

李媛,2005.区域降雨型滑坡预报预警方法研究[D].北京:中国地质大学(北京).

刘传正,温铭生,唐灿,2004.中国地质灾害气象预警初步研究[J].地质通报(4):303-309.

刘应辉,朱颖彦,苏凤环,等,2009.基于地层岩性的崩塌滑坡敏感性分析:以5·12震后都汶公路沿线为例[J].水土保持研究,16(3):125-130.

马寅生,张业成,张春山,等,2004.地质灾害风险评价的理论与方法[J].地质力学学报(1):7-18.

孟晖,胡海涛,1996.我国主要人类工程活动引起的滑坡、崩塌和泥石流灾害[J].工程地质学报(4):69-74.

彭建兵,马润勇,邵铁全,2004.构造地质与工程地质的基本关系[J].地学前缘(4):535-549.

齐信,唐川,陈州丰,等,2012.地质灾害风险评价研究[J].自然灾害学报,21(5):33-40.

钱丹生,钱若青,2014.宜昌市地质旅游资源特征及其开发研究[J].资源环境与工程,28(2):225-228.

盛逸凡,李远耀,徐勇,等,2019.基于有效降雨强度和逻辑回归的降雨型滑坡预测模型[J].水文地质工程地质,46(1):156-162.

孙云志,徐俊,徐光黎,等,2005.信息量模型在塌岸灾害风险评价中的应用[J].地质科技情报(S1):202-206.

万昌林,1999.浅析地质构造对山体滑坡的控制作用:以福建潘田铁矿区为例[J].江西地质(3):47-50.

汪啸风,2020.湖北省古生物与珍稀生物群落[M].武汉:湖北科学技术出版社.

汪啸风,姚华舟,2019.中国扬子海盆:世界上罕见寒武纪生命大爆发和辐射进化的化石库[J].华中师范大学学报(自然科学版),53(6):821-833.

王帅,王深法,俞建强,2002.构造活动与地质灾害的相关性:浙西南山地滑坡、崩塌、泥石流的分布规律[J].山地学报(1):47-52.

吴益平,张秋霞,唐辉明,等,2014.基于有效降雨强度的滑坡灾害危险性预警[J].地球科学(中国地质大学学报),39(7):889-895.

夏金梧,郭厚桢,1997.长江上游地区滑坡分布特征及主要控制因素探讨[J].水文地质工程地质(1):19-22.

向喜琼,黄润秋,2000.地质灾害风险评价与风险管理[J].地质灾害与环境保护(1):38-41.

阎春波,李姜丽,赵璧,等,2022.湖北宜昌重要地质遗迹资源特征及发展模式探讨[J].地质论评,68(1):233-244.

殷坤龙,汪洋,唐仲华,2002.降雨对滑坡的作用机理及动态模拟研究[J].地质科技情报(1):75-78.

殷坤龙,张桂荣,2003.地质灾害风险区划与综合防治对策[J].安全与环境工程(1):32-35.

张晓东,2018.基于遥感和GIS的宁夏盐池县地质灾害风险评价研究[D].北京:中国地质大学(北京).